How to Give Her
ABSOLUTE PLEASURE

如何讓她欲仙欲死

露·佩姬特 Lou Paget ◎著

許逸維◎譯

對露‧佩姬特精妙的愉悅技巧，激賞！

男人們說

「我懂得五國語言，但今晚參加工作坊之後，我覺得自己已成舔陰語言專家了。」

——主管，五十四歲，巴莎迪那市

「這個主題的處理手法優雅，並充分傳遞出有力的訊息。舉辦這樣的工作坊真的很獨特。」

——德國紀錄片導演，五十八歲，巴黎

「我在單身漢晚餐上看到妳授課的結果。第二天晚上，在我婚禮之後的舞池上，我的朋友和妻子跳舞跳得更緊密，親嘴親得更多，擁抱得更多，他們的妻子都很感謝我。謝謝妳。」

——出版商，四十二歲，印第安納波里

「終於出現了！我們男人一直想知道，但女人卻沒告訴我們的資訊。只要有課程能教我更了解女人，知道怎麼取悅她們，就請讓我註冊吧！」

——電台脫口秀主持人，四十四歲，紐澤西

「我參加妳的工作坊三個小時內學到的，比我從過去兩段婚姻中學到的還多。」

——系統工程師，四十七歲，芝加哥

「男人學習金錢的態度很傲慢，而學習性愛的態度就不那麼傲慢，這讓我很意外。男人總可以談論賺更多錢的方法，但他們內心深處最想知道的，就是如何跟他的伴侶好好地做愛。」

——會計，五十一歲，丹佛

「我之前沒意識到自己懂得太少了。我非常感激妳，我未婚妻也感謝妳。」

——小說家，四十二歲，聖塔摩尼卡

「謝謝妳，謝謝妳，謝謝妳！妳知道自己就像是金礦嗎？每位男人、青少年、大學生，不管是誰，都應該參與妳的課程。」

——律師，三十二歲，紐約

「我參加妳的課程以後，就能更坦然地談論性愛，而不是以男人慣有的方式來談論。我認為妳強調應該尊重我們的性愛這點，最具有啟發性。」

——大學學生，二十五歲，聖路易

「最讓我受益的其實是很簡單的事情，就是妳教我怎樣愛撫我的妻子。真希望自己四十年前就學會這點。」

——剛結婚的主管，六十四歲，比佛利山

「我十四、五歲的時候讀了印度愛經，那對我而言太難了，就好像是西洋棋大師鮑比・費雪對關於棋步的著作一樣難。感謝老天，終於有了妳，可以當我們的資訊來源。」

——攝影師，四十七歲，奧克蘭

他們的伴侶說

「露，我是 G 的妻子，他上禮拜參加了妳的工作坊。我還能說什麼呢？我成了一位滿意的妻子了。」

——作家，四十七歲，曼哈頓

「我們在剛領養了第一個小孩後，夫妻倆一起參加妳的工作坊。三個月後，我懷孕了，我希望妳知道，我們夫妻倆都覺得能有個漂亮女兒一切都要歸功於妳。」

——歌手／演員，三十六歲，加州艾西諾

「妳讓我們四十年的婚姻重新有了火花，那是我們一直希望，但卻不敢相信真的會發生的事。」

——零售主任，六十三歲，拉斯維加斯

「我們現在可以很坦然地談論性愛，這真的叫人意外。在課堂之後，跟我結婚十五年的丈夫說：『你知道嗎？我真的想要談論性愛而我們真的談了。』我們發現兩個人都想試試看，但一直沒勇氣試的

東西。而現在我們可是樂在其中啊！」

——製作人，四十一歲，鳳凰城

「剛開始我覺得他不會更好，不會知道更多了，畢竟他已經是個很棒的情人。但他又從妳那邊聽到了什麼，讓他做了以後，使我們的性生活從不錯到很好且妙不可言。我們身體之間的連結更加緊密，兩顆心也深深地結合在一起。」

——全職家庭主婦，五十二歲，明尼阿波里斯市

「我丈夫參加工作坊對我的效果真的很迷人，說起來有點害羞。如果再有一個朋友問我氣色為什麼那麼好，我會笑著說那是因為我丈夫參加了一個課程。」

——行銷主管，二十八歲，舊金山

免責聲明

　　本書是為了提供資訊給讀者、教育讀者、擴展讀者的體認而寫。本書提到的技巧對某些人適用，卻可能不適合你來使用。請注意，你應該負起責任來認識你的身體和你伴侶的身體。本書提到的一些性行為在某些地區是非法的。你應該了解你身處地區的法律，如果你決定不遵守這些法律，應該要自己承擔風險。本書無意成為關係諮商的替代品。

　　寫作並出版本書的相關人士並不包括醫生、心理健康師、領執照的性愛治療師，但我們詢問過某些專業人士對於某些議題的意見。如果有任何狀況讓你難以從事費勁或是性興奮的活動，應該請教醫生的意見。在你嘗試任何不熟悉的性愛行為之前，可以諮詢醫生、性治療師，或者自己承擔風險。

　　若有人因為本書的資訊或者本書未提到的資訊而有直接或間接的損失、傷害、疾病，露‧佩姬特和本書出版商皆不用負起責任。

CONTENTS
目錄

第一章

愛經中的陰陽調和

你的需求，我知道

　　我依然記得第一次知道男人對性愛有多挫折是在什麼時候。轉捩點是大約四年前的某個晚上。那是五月底的週末，我要去朋友家參加晚餐派對，公路上塞車，所以我是最後抵達的客人。那時我疲憊不堪，對派對失去了興致，但還是努力讓自己看起來彬彬有禮，風采迷人，開開心心的。我坐在一位男士身旁，他看起來大約四十出頭，我向他自我介紹，攀談之後，他告訴我他是電視節目的製作人，接著他問我的工作。有一會兒工夫，我覺得自己開始臉紅了，但後來還是豁了出去。畢竟那工作我已做了三年，實在不該尷尬或有所遲疑地面對，但我還是覺得有點害羞。我盡可能嚴肅地對他說：「嗯，我給女人講授性愛課程。」他沒感到驚訝，而是直望著我問：「你也給男人講課嗎？我們需要類似的課程！」

　　那時我才了解，男人跟女人一樣，不但對性愛感到好奇，也覺得自己認識的太少，受到限制。**大多數男人似乎覺得自己應該對性愛有全面的認識**，這些想法跟 Y 染色體結合在一起，在下巴長出第一根鬍鬚時，就會浮上檯面，隨著我跟男人交談的次數增多，就越

發現男人真的抱持著以上認知。

　　我越思考，就越了解到男人受到文化壓力的影響，而必須對性愛有全面認識，諸如怎樣做比較正確，怎樣對男人或者女人來說會比較舒服。女人不了解性愛沒關係，但很多男人覺得對性愛應該要有如百科全書般的知識，這種壓力是很大的。這樣的認知不但大錯特錯，而且對男人來說也是很不公平的負擔。

　　這個問題的解決之道很簡單。首先，男人應該有權利詢問他們不太了解或是不太自在的性愛議題。其次，也可能更重要的是，男人必須了解女人各有不同，應該要以不同方式加以對待。在沒詢問過女人之前，很難了解怎樣的性愛對她來說比較有效。最後，男人應該知道性愛不只是男人的責任。男女雙方都應該負起責任，一起學會取悅對方的方法。如果這些條件都到位，那麼每一個男人都可以成為完美的情人。

　　我從青春期就對性愛感到好奇，但花了將近二十年的光陰，才讓我有足夠的自信和知識，能舒服地談論成為美好情人的方法。身為女人，**兩難之處在於：沒有簡單的方法讓自己在做個好女孩的同時也保有豐富的性愛知識**。當我了解自己對性愛充滿好奇時，也同時了解沒有安全可靠的資訊來源。**我的女性友人對性愛的認識有限，而到處跟男人睡也不是合理得宜的選擇**。我研究了色情雜誌和電影，閱讀了性愛相關的書籍，包括《愛經》、《性愛聖經》、《感官女人》等，但幾乎一無所獲。沒有任何來源能提供我想知道的，也就是關於性愛的正確完整資訊。所以我開始談論性愛，提出問題，跟我的女性朋友分享性愛經驗的資訊。在與她們的互動中，我從她們身上學到有效的性愛技巧，也知道要怎樣讓男人興奮、怎麼做又會讓男人熄火。畢竟只有經歷過一切的人，才更能了解什麼是有用

的性愛。

　　不久後，我成了業餘的性愛專家，因為我認為正確可靠的性愛資訊對每個女性來說都是不可或缺的，不論她們的年齡背景或經驗為何。我收集了她們跟我分享的故事和細節，加以統合，呈現給參加我課程的成員，這些成員也給了我回饋。長話短說，這就是為女性舉辦的性愛工作坊的緣起。

　　毫無意外，在這些女性回到她們的丈夫、男友或伴侶身邊以後，我開始接到男人的電話，先是建議，再來是懇求我也給男人開辦類似的工作坊，畢竟女人已經從我這裡學到了很多。就如同我開辦工作坊，讓女人了解自己的身體、男人的身體、男女之間讓激情得到最大滿足的方法，我也開始讓男人了解這些議題。在過去的六年裡，我訪問過數千位的男女，跟他們分享資訊。這就是男性工作坊和這本書誕生的緣由。

　　男性工作坊的每個團體有六到十人，大家聚集在一張大圓桌旁，我給每位男性發放一個指導產品，也就是女性陰部的真實尺寸模型，材質柔軟有肉感，依照某一位 A 片女星的尺寸製作的。不說太多廢話，我直接跟參與者指出正確的性愛方式：手愛、口愛、抽插、女人怎麼達到高潮、在床上要用什麼性愛玩具來讓女人狂野。這些資訊都是從我的學員那裡收集到的。

　　來參加我工作坊的男性形形色色，有專業人士、藝術家、運動員、醫師、技師、建築師、建築工人、演員、製作人、電視主管等等。他們的體型、教育程度和人格各異。他們來的目的都是為了更了解性愛，精確來說，是想要知道怎樣取悅生命中的女人。就如同一位政治顧問所說：「做愛讓我很有男子氣概，真的像個男子漢一樣。知道自己可以照顧她，讓我們之間的性愛更完美了。所以如果

有其他資訊，讓我能有更多不同的體會，那正是我需要的。」另外一位工作坊的參與者，是投資銀行家，他說他需要這本書的理由不同。他這樣子談論他的妻子：「我們在一起十年了，我想要讓性愛更有興味。」另外一位來自加州帕羅奧圖的攝影師說：「拜託，告訴我怎樣才有效就好了。」

在這些聲音裡我不只聽到渴望，也聽到他們對有效資訊的需求。一位不動產商充滿挫折地說：「她不想做的，我不會要求她做，但我想知道可以讓我們的性生活更加完美的各種方法。我們的性生活已經很棒了，但我希望好還要更好。」

露的祕密檔案

女人就跟高爾夫球場一樣。雖然你已經在球場上打了一百次球，但你每次揮桿，球很少在果嶺上的同一個地方著地。你必須根據果嶺的狀況來調整每次推桿進球的動作，有時果嶺比較乾，有時果嶺比較溼。但最重要的，果嶺跟性愛一樣，都需要巧妙的手段。那絕對跟曲棍球不一樣，不是射門就得分。

這本書是為你而寫，因為你值得。更何況我怎能抗拒越來越多的男人（男友、丈夫、伴侶）渴望能有一本書，教他們怎樣把極致享受帶給生命裡的女人呢？這就是：你有求，我必應。

成為專業情人的第一步

過去七年裡，我為男男女女舉辦的工作坊，不但教導我許多男女的性愛現象，也讓我知道男女的心理狀態。上千位男女跟我分享

了何者有效、何者無效、何者是他們錯失的，這本書的資訊，就是從觀察並聆聽他們回應中得來的。**你難道不想知道女人到底喜歡什麼，又討厭什麼嗎？我希望當你的密友，把女人的渴望和心願解讀讓你知道。這本書收集了最有趣、最實用也最可靠的資訊，讓你和她都能獲益良多。**如果你認為跟有技巧、夠敏感、能跟你分享資訊的情人在一起可以讓自己性能力增強，那這本書就像個情人一樣，可以分享她所知的，而且她懂得真的很多！

　　你也可以把我當作你的教練。運動場上有教練很好理解也可以接受，商場上也常常有名師指點。我不想假裝自己是性愛醫師，但是我在這領域花費的時間、從上千位男女那裡收集到的資訊，都讓我可以告訴你在性愛中要怎樣做，才能對男男女女發生效果。我假設你嘗試過那些標榜能帶給你好處的陳舊資訊，但卻失敗了。我想你一定希望知道什麼有效、什麼能讓她暖身、讓她興奮、讓她最終在狂喜中呼喊你的名字。我會描述一些能讓你完美奮戰的技巧，也會指出可能會妨礙給她極致享受的混亂局面。我會從女人的觀點，一五一十地告訴你，不會省略任何細節。我有自信，身為你的教練，我不會讓你誤入歧途，會讓你往男女的共同幸福邁進。

　　這本書是讓你變成完美情人的第一步。你要怎麼變成專家呢？想要把自己從能勝任的情人轉變成能帶給情人極致享受的人，**你不僅需要學一些證實有用的挑逗技巧，也要加入洞察力讓自己更開放、更願意、更準備好爬上極致巔峰。**

　　《如何讓她欲仙欲死》讓你取悅女人、溺愛女人、讓女人興奮。我在這裡有另外一個假設：身為讀者的你，不但希望自己在性愛中表現突出，也真心並充滿激情地關心女人。這本書有許多資訊像個寶藏，雖然你生命中的女人會是直接的受益者，但是取悅你伴

侶的同時，你也同樣會樂在其中，合情合理吧？性愛跟其他的努力一樣，不管是事業上的、靈性上的、身體上的或情緒上的，都需要能量。確切來說，如果你取悅你的伴侶，她的滿足感會不斷積累並回饋到你身上，進而增加你的樂趣。有一位醫生說：「知道我愛護她，讓她很舒服，沒什麼比這個更好的。對我來說，這就是做愛的真諦。」另外一位男士說：「跟多數男人一樣，我不希望別人知道我跟我妻子在最私密的時候做了些什麼。雖然女人可能會談論性愛，但男人不會。我妻子告訴我說她的朋友希望能把我複製，而且她們會在更衣室裡談論我，這讓我的男性自尊就起來了。」

露的祕密檔案

唇膏的使用，最初是希望嘴唇可以模擬陰部受到興奮而充血的樣子。在動物世界裡，雌性陰部發紅就讓雄性知道她發情了。

在為工作坊做準備的時候，我發現關於性愛的資訊，可靠正確的很少。男人的性知識來源通常不客觀也不完整。包括雜誌和影片的男性色情品有三個大問題：首先，色情雜誌和影片大多數強調視覺刺激和幻想成分，所以通常都很不真實。其次，因為男性期待的是這些不真實的性愛，如果女人或她們的身體無法滿足他的期待就會讓他非常失望。第三，因為這些影片和雜誌的目標是男性，所以會忽略另外一半的人口，這意味著取悅女人的方法也不會完整地忠實呈現。

我並不反對可以刺激男性的視覺材料，但我認為你必須知道這些幻想也許能讓你在心裡演練時興奮，但卻不一定在真實生活中可

行。你當然可以用色情影片、劇情，或其他色情品來自我取悅或取悅你的伴侶。我知道一位工作坊參與者會和他的伴侶互讀一些《花花公子》雜誌上的色情文章給對方聽。他說：「有時候這會幫助我們培養情緒。」但很多男女把這些劇情帶到臥室並實際演出時，會驚訝、受挫，並失望那根本沒有效果。記住，這些都是專業演員且動作都事先設計過，有道具、編輯、配音、特別打光等，共同營造出一種不真實的環境。如果一男兩女的性幻想情節會讓你（也許你的伴侶也會）興奮，但真實生活中類似的場景可能會變得太過複雜。真實的感覺有了危險，不論你或你們對自己的性幻想有多開放，可能到頭來你會受傷，讓你和她之間的親密感和信任感永遠畫下裂痕。我問一位電視脫口秀主持人他認為色情影片的基礎是什麼，他說：「情節越少越好，衣服脫得越快越好，立刻實戰上場，訴求的對象是十七歲到三十七歲的男性。」

太過依賴色情產品和其所推廣的性幻想的另外一個缺點就是，男人會因此而期待某種讓人興奮的東西。同樣的，這種期待在現實生活中很難達成。如果你的伴侶無法像影片或雜誌中那樣演出，因為色情產品會讓你們分心並介入你們之間。一個很好的例子是，深喉嚨、吞嚥精液和肛交在色情品中出現的頻率最高。同樣的，這些畫面可能會讓你興奮，但很多女人無法「深喉嚨」，也不喜歡吞精液或肛交。當然了，也有些女性會喜歡肛交還有你的精液流經她喉嚨的感覺。但從上千位跟我分享心得的女人來看，很多女人寧可不要有這些行為。確切來說，嘔吐感的反射讓深喉嚨幾乎難以辦到。同樣的，影片中演出的女人是專業人士，在鏡頭前面夜以繼日地重複動作，但卻不是為她喜愛並關心的男人而做。根據我的工作坊和研究，我預估約有百分之二十到二十五的女人會吞下精液，雖然很多

女人至少試過一次肛交，但很多人都覺得又痛又難以享受。

此外，我還認識一些人（兩男一女）專門為賴瑞‧福林特出版品的「個人經驗」專欄寫文章。他們承認那些印成文字的情節其實都是捏造的。我詢問其中一位男士，他說：「露，寫這些專欄很有趣，我樂在其中！」我又問他寫的東西有哪些是真的，他說：「沒有任何一個字是真的。」這位作者也用第一人稱寫了專欄，教人勾引不同國家女人並把她們搞上床的方法。他詳細描述了一些俱樂部、酒吧、休息室，讓人可以在歐洲獵豔。但有個小事實被忽略了，就是這位男士這輩子根本沒離開過美國。你猜對了，全都是他捏造的。

另外一種性愛錯誤資訊的來源，就是男人本身。來參加工作坊的男人經常分享朋友提供的「有用」資訊。但他們很快就發現朋友知道的不會比自己多；朋友只是假裝見識多罷了。有一個規則，你可能已經歸納出來了，就是談越多的人懂得就越少。這些在更衣室裡自吹自擂的人會誇大自己性愛的質與量。我認識的一個男人回憶說：「八個男人聽一個男人吹噓自己一天下午跟個已婚的寶貝做愛六次。雖然我們知道他在胡扯，但我們還是興致高昂地站在那裡聽。」這場景很熟悉吧？

我認識一位男士，他在家庭野餐時打斷了二十三歲外甥的性冒險故事。他外甥說：「我昨晚跟她做了八次。」他說：「好啊！你把褲子脫掉，讓我們看看證據。如果你做了八次，你今天會痛到尿不出來。」你可以想像，那外甥沒把褲子脫掉，但卻馬上轉移話題了。

女人喜歡一點變化，但不一定喜歡表演；她們不是身上有開關按鈕的機器，而且也沒有使用手冊。雖然我們希望這本書是手冊之外最好的選擇。

　　最後，色情產品忽略了另一半的人口。 很簡單 ，色情產品的目的只為賺錢 。除非只針對男人來行銷會讓營收減少，不然這些發行商和製作人就會繼續大量生產觀眾想看的東西。如果他們不需要考慮女人，為什麼要考慮呢？就算這樣，還是有一些製作人會考慮女性市場。「女人製作」就是對女性比較友善的廠商之一，老闆是甘蒂大・羅亞勒。安琪・科恩和莎拉・賈德納・福克斯寫的《聰明女人的性愛影片指引》是本很棒的參考指南。

性愛表演

　　色情商品的一個間接後果，就是把性愛當作某種表演的危險想法。男人在螢幕或是精美有光澤的印刷品上看到緊緻、肌肉發達、永不老化的身體，就會自然而然拿自己的身體來比較，並往往注意到落差。我知道有些男人可以勇敢面對這種檢視，但我也知道就算最有自信的男人，看到螢幕上或雜誌上裸露的堅硬軀體也會自慚形穢（媒體對女人也用相同的洗腦手法，他們用青春期的女生當模特兒，把電腦軟體修過的圖片放在廣告上）。難怪男人會把性愛跟壓力聯想在一起！媒體不斷提醒你拿自己跟媒體上的至尊超男做比較。我知道男人大多數都有基本的競爭特質，但產業對這種特質加以操

弄，販售雜誌或影片，則完全是算計過的。拿錯誤的資訊誤導他人以取得競爭優勢，這不是一種剝削式的商業策略嗎？強迫你拿自己跟錯誤的尺寸和資訊來作比較，真的非常刻薄。

放下一切，全心投入性愛的女人，能讓你異常興奮，不是嗎？對女人來說也一樣。**女人並不希望你在床上表演，她們也不在意你一個晚上可以做多少次。**相反的，**她們希望你享受跟她們在一起的時光。**

露的祕密檔案

要告訴女人什麼有效，而不是什麼沒效。只要強調正面事物，她就會聆聽的。

如果你全心全意專注在她身上，專注於當下的所作所為，那麼女人不但會認為你關心她，也會開始釋放她的性愛能量。一位來參加工作坊的人跟我說：「又長又慢的性愛是最讓人滿意的性愛。」

溝通的技巧

男女的溝通方式不同，這點不斷有人強調。約翰・葛瑞是兩性溝通之王，他甚至說男人是經由性來接觸愛，而女人則是經由愛或感覺來接觸性。如果這理論成立，難怪男女兩性常覺得他們講的是不同語言。你不覺得你和你生命中的女人，講的是類似但卻不相同的方言，甚至需要翻譯才能溝通嗎？

我不會拿無趣的社會學研究來煩你，但男孩和女孩因為生理差

異和社會對性別角色的期待不同，造成兩性的社會化過程有所差異，所以他們會以不同的方式來溝通，而且幾乎是完全相反的方式。所以，為了要能成功溝通，不論主題是性愛或是晚餐，我認為男女都需要承認兩性間的差異。比如說，當女人認為沒有人聽她說話時，她會退縮，在情緒上和身體上都一樣。這是她對你的反應。一位女士這樣說：「當我發現我丈夫會全心聆聽我說話時，我就愛上他了。幾天之後他還是會不斷重複我說過的話，也了解我說話的原因，真的很讓人意外，令我幾乎不敢相信。」

女人對比較有自信的男人會較有反應。如果女人跟你訴說她的問題、擔憂、煩惱或生命中的小小故事，她可能不是想要你的建議。你可以問她是不是希望你聽她說就好，如果她希望你給意見，你可以先聆聽，然後再提出建議。有時候她只是單純希望有人聽她說話，你只要聆聽，就代表你在乎。但身為男人的你，可能希望回應才可以解決她的問題。但她要的不是你提供解決之道，這樣她可能會覺得你太有優越感了。如果在她說話的時候你一直打斷她，她就會知道你沒仔細聆聽。然後她就會退縮，這樣對你們來說有什麼好處呢？

有一些方法可以讓她知道你正聆聽她說話：眼神直接接觸、觸摸她，或輕輕點頭。如果你的眼睛四處看，很可能你根本沒注意她說話，她也會知道你分心了。我說過，如果女人覺得沒人聽她說話，她的情緒和身體都一樣會退縮，或者會找個願意聽她說話的人。這不是在威脅你，我只是陳述事實。必須讓女人知道有人願意聆聽，因為她們最大的抱怨之一，就是沒人聽她說話。

在性愛舞台上，有些溝通的性別差異會有明顯的效果或後果。一方面，女人希望你知道怎樣在性愛上取悅她；另一方面，她們又

不願意直接跟你分享這一點。雖然女人之間可能會談論性愛，但通常會羞於直接跟男人談論性愛。這種差異不只指向與生俱來的溝通挑戰，也指向男女之間的差異。

我從工作坊的成果中，把女人不願意跟伴侶分享自己渴望的原因歸納成四點：

一、如果我們說出內心的渴望，就會被視為齷齪的人，或被當作性愛交通警察來看待。

二、我們不知道該說些什麼，該怎麼說。有位來自邁阿密的平面設計師說：「我想告訴他，卻不知道該怎麼說。我知道那種感覺，但很難精地確描述他對我做了什麼。」

三、我們都害怕男人覺得自己受到了批評，並把我們的建議當作他們不是好情人的暗示。

四、我們擔心男人不會真正聆聽。有位女士說：「就算我跟他說我的喜愛，他也不會聽。他一直做一樣的事情。」

女人不想要告訴你她想要什麼、希望你怎麼做，原因跟古老但卻深深影響女人至今的刻板印象有關係。女人，尤其是單身女子，大多希望別人把她當成好女人來看待，不希望別人認為她到處睡。她們害怕如果把自己的喜好告訴男人，會暗示著那喜好是跟其他男人在一起的時候使用的。她們害怕這樣的資訊會讓男人生氣或是覺得疏遠。

如果你知道女人會猶豫著該不該告訴你她的喜好和厭惡，你可以用一種省事的方法來找出她的喜好，那就是直接跟她說你想知道。你需要鼓勵她自在地告訴你，甚至直接展示給你看她希望怎樣

被愛撫、親吻，或者吸舔。你開了溝通的大門，就能馬上建立讓她放輕鬆的力量。

也請你要注意傳遞訊息的方法。如果你和你的伴侶聽到「屄」或相關的說法不會不自在，那就可以使用。但如果女人對你形容她那個地方的方式不太自在，那你很可能會讓她興致缺缺而非興致盎然。我的建議是剛開始最好使用正確的辭彙，然後再慢慢修正。你可以問她在聊天或激情的時候，喜歡你怎樣稱呼她身體的部位，然後再調整自己的說法。讓她設定坦然的程度。換句話說，她可能會享受使用髒字眼並因此而興奮。

在跟同一個情人相處很長時間之後，你可以知道她喜歡什麼，也可以給她驚喜或者嘗試些新鮮事，但如果你想要一直取悅你的情人，那你就需要溝通。除了溝通之外，沒有其他的方法。

溝通的重要性不可低估。事實上，如果你意識到你跟她互動和她跟你互動的方式，那麼性愛的其他元素都會自動到位。一位男性工作坊參與者說：「當你跟女人在一起的時候，你要超級、超級有意識。你應該忘記是否得到相應回報，然後應該跟她合拍。她想要什麼，其實方向都在，只是你必須全心全意注意她的反應方式。她就像是示意圖，而你需要調整自己的筆跡。」記住這一點，我下面列舉出男女之間的典型差異，讓你牢記在心，朝完美情人邁進。這些當然只是概括性的，並非說每位男女都一樣，但可以作為有用的規則來使用。

➡ 女人在雙耳之間陷入愛河，男人在雙眼之間陷入愛河。

➡ 男人通常享受於快速來場性愛，女人則喜歡慢慢培養感覺。

➡ 男人是目標導向的，經常把高潮當作目標前進。女人則喜歡到達高潮的過程、喜歡四處逗留並從容不迫。

- 男人大多數喜歡溼潤滑溜的舌頭親吻他們的耳朵，但女人大都討厭這樣。一位女士說得好：「我覺得那就好像把頭放進洗衣機裡面一樣。」
- 女人對輕柔的愛撫比較有反應。男人對施力更深的按壓有反應。
- 女人通常知道她們哪時候會做愛，這讓男人很驚訝。女人通常以受到對待的方式來喚醒自己心靈。而且通常會讓她有感覺，只是你自己沒有意識到的。但是為了增加對你有利的條件，我們寫了這本書。你知道得越多，你就準備得越周全。
- 男人比較像是視覺動物，只要看到裸露的胸部就會活了過來。女人比較重視聽覺和觸覺。她們必須要聽到男人、觸碰到男人才會興奮。

金色降落傘

跟其他的努力一樣，你在性愛裡面投入越多，你和情人就能從中得到越多。說自己的愛情生活很強烈、很美妙、很熱情的男人，都且能拿出像對待其他目標一樣的決心和精力來面對性愛，如面對事業、藝術追求、運動興趣一樣，其主要因素就是專注力。一位油業主管說：「當我的性愛關係和私人生活一切順利時，我在事業上就戰無不勝。在家裡快樂與在事業上成功之間有直接的相關。」我不斷地聽到男人說如果他們可以在性愛上滿足伴侶，他們對自己的感覺就會更好，在生活的其他領域也就更有信心，更精力充沛。

如同你計畫週日的高爾夫球賽一樣，你也必須為性愛做準備。在關係的初期，你會做更多的努力來勾引她，不是嗎？不要忘記一旦你們在一起一段時間之後，不論你年紀多大、關係進展到哪裡，

你都應該預先計畫並對關係做出承諾。就像打高爾夫球一樣，你的性愛關係也需要練習和專心。我相信你對自己的投資一定有長期計畫，你照顧金錢的方式，也會影響到投資未來的表現。對於你的關係也一樣：你怎樣投資你的性愛關係，未來就會有怎樣的報償。所以你必須對自己的關係有所計畫。相信我，你會看到真實收益的。

如果你從來沒有說過性愛如何連接起你和她，那就開口讓她知道。不要以為她會知道你對性愛和親密感的感覺。一位來參加工作坊的人說：「我之前以為我太太知道怎樣讓我興奮。但有一次做愛以後，她爆發式的告訴我說，她覺得我只會猛幹她，她覺得我並不愛她。但這絕對不是實情，我以為她知道我對她的愛。天啊！我真是大錯特錯。」

在你閱讀本書的同時，我希望你知道，我跟你分享的是我在性愛工作坊中從上千位男女那裡學習並收集來的資訊。不用說，來參加工作坊的人和伴侶間都互相尊重，想要學會當個好情人。當個好情人需要百分之二十的技巧和百分之八十的坦誠、意願、熱情和承諾。真的，我想要謝謝你的出現。那些來參加工作坊的人，走進門來、跟十來個男人坐在一起，聽著取悅女人的技巧，我跟他們說光是出席就需要勇氣。但你接下來學到的，可能會永遠改變你的性愛生活。

記住，學習性愛的機會之窗不是只有一扇。你知道，這些迷思聽起來也許很像真的，但跟其他迷思一樣，無法經過直接審視的考驗。男人工作坊和這本書的終極重點和目標，就是尋找並接近你的性愛靈魂。在這裡跟你分享的想法、態度、資訊都是其他人試過而且覺得有效的。身為情人，你可以跟你愛的女人，共同享受精采、有趣、雙方都樂在其中的性愛關係。

第二章

安全至上：
充分保護你和她

知識就是力量

　　安全的性愛不必然就是無聊的性愛。相反的，我會把那視為一種創意的挑戰。你應該負起責任，不但要考慮你伴侶的舒適度和安全，也要考慮你自己的。把安全議題導入關係中，就好像說：「我關心妳，我關心我們。」更進一步來說，受到保護、感到安全和受到照顧是享受美好性愛的重要基礎。

　　我知道這些訊息是單身或者跟新伴侶在一起的人所需要的。但有長久婚姻關係或者長久承諾的人先不要跳過這一章，我得提醒你現在離婚率很高，我們應該小心並事前得到警告，就算是結婚很久的人，在某些程度上來說，也是經歷了好幾段一對一的關係。對於為人父母的人來說，這些事實也一樣重要。你可能不想嚇到你的小孩，但你應該善盡父母親的責任，告訴小孩關於人生的道理，而性病和性愛正是人生的一部分。你可以考慮兩份統計數字：首先，愛滋病毒感染者的平均年齡從二十六歲降到二十歲；其次，愛滋病毒

感染者有五分之一是在十多歲時就受到感染。

我在本章收集的資料，是最新、最正確的，包括預防性病的方法和性愛的危險因子。你應該對疾病的種類、統計數字、預防感染的方法有清楚認識，這很重要。我知道提醒你這些危險可能會暫時讓你沒了性慾，但我相信你之後一定會感謝我。寧可你的慾望暫時澆熄，也不要因為無知讓你的性生活甚至生命被澆熄。

在這個年代，安全非常重要。如果我在介紹性愛互動的時候不先討論安全事宜，那就很不負責。首先，你可能會很意外知道男人感染性病的機會比女人還低。為什麼女人的風險比較高呢？這跟表面積有關。女人在陰道裡的黏膜組織，比男人陰莖尿道的黏膜還多。第二個原因，是因為女人在性愛上通常都是接受的一方，你的體液會留在她體內，讓她受到感染的機會更大。性愛時感染風險最大的是富含血管的陰道開口和陰道黏膜組織（對男人來說則是尿道黏膜），因為很容易在性愛時擦傷。既然女人的風險較高，男人就應該負起更大的責任，來讓雙方都安全。我認識一個男人，他在開始一段新的關係時，很掙扎地告訴對方他有皰疹。雖然這消息讓她不怎麼興奮，她卻很欣賞他的直言不諱。她說這讓兩個人更親密了。他也在病灶不活躍時堅持戴上保險套，也在病灶活躍時避免性交。同時，他也接受抑制性的抗病毒治療來減少無症狀散佈。他們在一起六年了，她從沒感染皰疹。

如果你還是覺得不必擔心受到感染，你最好能三思。根據我舉辦的工作坊和其他研究中所觀察到的，我知道很多男人以為自己是進行安全性行為，而實際上他或他的伴侶只是在避孕而已。安全性行為指的並不是小心行事以免意外懷孕。你必須了解，你不但要負起部分責任來避免懷孕，而且依然有受到性病感染的風險。男人和

女人一樣，常常染病了卻沒有症狀。換句話說，有一些性病可能不會讓你出現身體上可見的症狀，但卻可能造成長期的傷害或者傳染給他人而不自知，比如說披衣菌、人類乳突病毒、皰疹都是很好的例子（以下會有這些疾病和其他疾病更詳細的資訊）。覺得身體無恙或沒在陰莖上觀察到問題，不代表你沒有危險的性病。你也要注意，隨著年歲增長，你的伴侶有性愛史的機率也會越高，而且人通常會「調整」自己性愛史的細節。

露的祕密檔案

就避孕的觀點來看，沒有所謂絕對安全的性交時機，自然的奧妙可不是傻子。當女人極其性興奮時，她可能會不按照週期而排卵。

不久以前，「安全性愛」這個詞指的還是採取安全措施來避免不想要的懷孕。但這其中也有一些誤解。一位四十九歲的美國聖公會牧師說：「天啊！我們本來採用安全期避孕法，但在我們第三次的意外懷孕之後，我妻子和我認為我們根本不會計算。」但經過了這些時日，已有許多不同的避孕方法可以採用，意外懷孕還是非常盛行。這告訴我們，就算避孕的資訊和產品有那麼多，在這個文化下我們行事依然不太負責。有什麼理由可以解釋這種疏忽呢？

在今日的辭彙裡，「安全性愛」常跟人類後天免疫不全病毒和愛滋病有關。沒錯，愛滋病（後天免疫不全症候群）受到關注是應該的。這疾病不但致命，也常常剝奪患者的所有希望、尊嚴和生活品質。幸運的是，醫療的進步讓受到愛滋病毒感染的人可以活得更久、更健康。但是治療不一定會有正面的效果，所以預防還是勝於

治療。

　　所以就算你不屬於愛滋病的高危險族群，你也有可能受到感染。艾瑞克・達爾醫師是洛杉磯塞達斯・西奈醫療中心的免疫異常暨愛滋病專家，我詢問他女人是否會傳染愛滋病毒給男人，他說：「我現在治療的一位年輕男性患者，他的唯一危險因子就是跟女人進行不安全的性行為。」他的病人睡過的女人不是妓女。達爾醫師接著討論到在非洲和亞洲有成千上萬個無意間受到女性感染的男子，非洲和亞洲的愛滋病毒感染和愛滋病主要發生在異性戀而非同性戀者身上。

數據

　　曾經感染過一種或數種性病的男女，其數量之大會讓人訝異。每十五個美國人就有一個在今年會染上性病，而每四個就有一個已經染上性病。真的，知道你跟誰睡的重要性是難以否定的。

　　我之前提過，很多性病不會產生明顯症狀。對女性來說，通常只有在她們想要組成家庭的時候才會發現自己受到感染，但傷害往往已經造成，因為沒症狀的性病讓她們無法受孕（誠然，有時候傷害是可以處理的，而染病的女性也可以經由諸如試管受精的生育技術來懷孕）。

露的祕密檔案

　　男性不孕症的頭號原因，就是看不到症狀的性病披衣菌。但根據希區柯克的說法，尚沒有很好的數據來說明這點。

不幸的是，知識不足常讓疾病傳染給其他人，而這種意識缺乏是雙向的。男人感染性病也可能沒有症狀，並接著傳染給其他人。因此，你和你的伴侶都應該負起責任接受檢驗。如果你跟感染性病的人發生關係，你也可能受到感染。沒有人可以免疫於性病。你的年紀、種族、社經地位都無法保護你。你是你自己最好的保護者，所以你應該充實知識、必須對疾病有認識，對伴侶夠體貼，然後花點時間來確保你和她的安全。

傳染

性病可以經由陰道、口腔、肛門而傳播。有些性病甚至可以經由陰莖和外陰、嘴巴、肛門之間的任何接觸而傳播。性病可以由男傳女、由女傳男、由男傳男、由女傳女。有些性病可以經由母親在生產時傳給小孩，或者經由哺乳傳染。你可能已經知道，共用針頭可能會傳播性病，包括愛滋病毒。

想要百分之百不感染性病的方法只有一個，那就是禁慾。但我想我們大多數人（包括男女），如果要放棄性愛都會有點不甘願。另外一種風險較小的性愛方式，就是用手自慰。不要小看雙手可以帶來的樂趣。你可能會既訝異又渴望地探索這塊性愛愉悅之帶。但要確保自己的雙手沒有傷口、擦傷或龜裂。不過皰疹和人類乳突病毒可以經由生殖器傳染到手部（下面有皰疹和人類乳突病毒更詳細的資訊）。如果你或你的伴侶有這兩種病毒中的一種，你可以使用橡膠手套來保護自己。

生殖器和生殖器之間的接觸，就算不是性交，也會傳播某些性病，比如皰疹和梅毒下疳。前戲也一樣，沒戴保險套的生殖器接觸

也可能會產生問題。但有時候皰疹不會只侷限在生殖器上，可能會出現在大腿或臀部上的神經節末梢。在飛機上遇到迷人的陌生人，邀請她喝幾杯酒，然後帶到旅館床上，四肢交纏，可能不是這個年代最聰明的舉動。如果你發現自己渴望著剛認識的人，你們兩個都不想要克制慾望，那可以花點時間來討論安全性愛。我跟你保證，她會感激你的；如果不會，你也應該感激自己能自我保護。

負責任的成人會在事前就討論性愛。在跟你新的情人交換資訊之後，請使用保險套。除非你們做過所有的性病檢驗並得到陰性結果，然後等待一段時間至空窗期結束後（此時不要有任何冒險行為）來確保健康，要不然每一次陰道性交、口交、肛交你都必須戴上保險套。我相信你知道，保險套隨處可買，大小、樣式、顏色、質感也各有不同（本章最後有充分的保險套資訊）。

如果你是喜歡尋花問柳的男性，可能不想聽我像老媽一樣嘮叨，很抱歉，但如果你減少性伴侶的數目，就能降低感染性病的風險。事實很簡單：如果你或你的伴侶同時有很多性伴侶，或者有過很多性伴侶，那你就更容易感染性病。這就是為什麼信任的價值在一段關係中非常重要的原因。有時被置之不理或被認為是小失誤的作為，卻會帶來嚴重的健康副作用。決定權在你手上，但是與其後悔，不如注意安全。難道一夜激情值得讓你的陰莖每個月都有病灶復發，甚至有其他更嚴重的情況發生嗎？

各種性病

下面介紹一系列常見的性病、其症狀、潛在危險和治療方式，但只對列舉出來的性病提供一般資訊。在任何情況下，對身體的健

康症狀做出自我診斷都是不明智的。這些症狀有些可能由性病以外的原因造成，如前面所說，很多性病可能在症狀產生前就存在很長一段時間。如果你懷疑自己感染性病，應該就醫。

如果你的醫師證實了你的懷疑，那就要遵守醫囑，並馬上跟你的性伴侶講。沒錯，宣佈這樣的消息會很困難又難堪。但為了她的健康著想並接受治療，她應該明瞭，而且你也不會希望重複受到她的感染。如果想要了解性病，本章最後有更多資訊。

披衣菌

披衣菌感染是由一種也是寄生菌的細菌引起的，這意味著披衣菌需要依賴其他的細胞才能生存。它常被稱為無症狀的性病，因為除非到了晚期階段，否則通常沒有症狀。男人的症狀包括尿道感染引發的排尿灼熱，還有副睪炎，也就是副睪的發炎和腫脹。在一九八〇年代，披衣菌就成了北美和歐洲最常見的細菌性性病感染。一九九七年，美國疾病防治中心報告了 526,653 個病例，並估計每年約有三百萬個新產生病例。男性的非淋菌性泌尿生殖道炎有四成是由沙眼披衣菌造成的。

露的祕密檔案

由披衣菌感染引起的副睪炎可能會導致男性不孕。

披衣菌經由口交和性交傳播，在女人身上會造成輸卵管深處的細菌感染，引發慢性疼痛、子宮外孕，甚至不孕。披衣菌經由口腔傳染，可能引發上呼吸道感染。它也可能在生產時由母親傳染給嬰

兒，造成新生兒的眼睛、耳朵、肺部感染。好消息是披衣菌可以抗生素來治療，但必須先經過檢驗。

露的祕密檔案

雖然披衣菌和淋病在男人和女人身上引發的症狀不同，但結果通常是類似的。

淋病

淋病經常跟另外一個世紀聯想在一起。但這疾病在美國依然猖獗。跟披衣菌類似，淋病也是由細菌引起，感染後可能沒有任何症狀。女性如果感染，常常要等到永久性傷害出現以後才會發現，比如不孕、子宮外孕、慢性疼痛等。但在男性身上，症狀包括陰莖流出黃色膿狀物、排尿疼痛、頻尿、下腹部疼痛等等。這種性病具有高度傳染性，可經由碰觸陰莖、陰部、嘴巴、肛門而傳染，就算沒插入動作也一樣。

還好如果早期發現，淋病可以輕易使用抗生素來治療。

露的祕密檔案

三十五歲以下性活躍的男性中，副睪炎最常是由沙眼披衣菌和淋病雙球菌所導致的。

梅毒

梅毒是很危險的細菌感染，如果不治療，梅毒可能會致命，引起心臟、腦部、眼睛和關節不可逆的傷害。感染梅毒的母親，其新生兒有四成會在生產中夭折或是天生就有畸形。梅毒症狀包括不疼痛的下疳、手掌腳掌的紅斑、淋巴結腫脹等等。這種疾病具高度傳染性，可經由口交、陰道交、肛交，還有皮膚的開放性傷口而傳染。如果早期發現，可以用高劑量的抗生素來治療。在美國的某些地區，梅毒常見於異性戀男性，在某些地區則極為罕見。

皰疹

生殖器皰疹最讓人訝異的一點，就是在美國的高盛行率。更讓人害怕的是很多人根本不知道自己已經受到感染。

引起皰疹的病毒有兩種，發生在口腔的單純皰疹第一型和發生在生殖器的單純皰疹第二型。單純皰疹第一型發生在嘴唇和嘴巴周圍或內部。單純皰疹第二型的可見症狀包括男性生殖器上的發癢凸點或小水泡，通常見於陰莖幹、包皮末端，或者龜頭附近。在女人身上常見於陰道附近或裡面、陰唇或是肛門。就算男人從未肛交過，也可能在肛門附近產生皰疹。有時候皰疹病灶會經由神經末梢出現在生殖器相關區域而不是在生殖器上，臀部和大腿上都很常見。

露的祕密檔案

如果你或你的伴侶有唇皰疹，那不要給予或接受口交，以免讓單純皰疹第一型傳染給生殖器。

常有錯誤觀念認為皰疹一定會引發劇痛，通常對皰疹潰瘍施壓才會引發疼痛。皰疹可在皮膚或是黏膜的任何區域感染，這看何處最先受到病灶的親密接觸而定。生殖器皰疹通常在感染後的第十二天到第十四天初次爆發，第一次爆發通常是最嚴重的，而之後的爆發持續時間較短（四到五天）也較輕微。然而，現在多數人受到感染後並沒有嚴重的爆發，只有輕微或是沒有症狀的感染現象。

　　皰疹在爆發時，如經由身體接觸有高度傳染性，但病毒潛伏的時候也可能有傳染性。那是因為多數有皰疹的人可經由皰疹病毒產生無症狀的活化。實驗室的研究也發現皰疹潛伏的人，有百分之五的機會可以在皮膚上發現有感染力的病毒。

　　要注意的是，如果你觀察到皮膚有水泡、有發炎反應或是擦傷處有局部變化，就要去做檢查。如果你認為自己之前感染過皰疹，那只有一種稱作西方墨點法的血液檢驗可以替毫無症狀的感染做出診斷。醫師較常在水泡或糜爛的早期階段，擦拭病灶來做病毒培養檢驗。

　　我知道要告訴伴侶你受到皰疹感染是既尷尬又困難的事情，尤其如果那是一段剛開始的關係。一位數學教授告訴我：「我遇到一位很棒的女人，當時我很擔心該不該告訴她我有皰疹。我記得自己跟她躺在床上，當時什麼都還沒做，但我知道自己必須告訴她實情。我擔心一旦她知道了，就不會想跟我繼續這場關係。等我告訴她時，她聽到這消息不太開心，但我告訴她我是由一位不知道自己感染的女人那裡染上的。當晚我們沒有做愛。一天之後，她回來告訴我她想要繼續和我的關係，她說因為我誠實告訴她，所以她做了決定。這讓我真的很激動。」

　　皰疹病毒無法根治，但是口服acyclovir、famciclovir、

valacyclovir 可以成功減輕爆發症狀並抑制再度復發的機會。此外，這些藥物會減低無症狀散佈的發生率，也有研究正在調查這些藥物是否可以減少傳染率。

造成皰疹復發的確切原因還沒有確定。研究指出皰疹發作和陽光及壓力有關。但皰疹本身就會帶來壓力，不管是生理上（疲倦）還是心理上的壓力。有位來參加工作坊的人說：「我發現自己有皰疹的時候，就覺得自己像是痲瘋病患一樣。我對傳染給我的那個男人很生氣，之後我就禁慾了。我真的不希望別人也有像我一樣的悲慘經驗。」但其他人則是坦然面對：「我們檢查過愛滋帶原並知道會睡在一塊以後，她跟我說她有皰疹。我很確定我們都沒有感染愛滋病毒，但這真的很讓人驚訝。我不否認自己真的猶豫一下，但她對任何事情都超級謹慎，所以我們後來都會使用保險套。」

皰疹病毒引發的症狀可以造成感染者的不適，但這種性病對未出生的小孩或免疫系統受壓抑的愛滋病帶原者來說，更加危險。新生兒皰疹讓人擔憂，最近的資訊顯示對懷孕之前就感染皰疹的母親來說，不太容易傳染給胎兒。尤其在生產的時候是最容易傳染，並讓新生兒產生疼痛的水泡，造成眼睛、腦部、臟器的傷害，六分之一的新生兒有致死可能。

好消息是如果知道母親有皰疹，那麼剖腹生產可以防止對胎兒的傷害。事實上，這種風險很低，如果母親有病灶出現才需要剖腹。但重點是：新生兒皰疹是由男人傳染的。它對胎兒最大的風險，是懷孕晚期母親才感染皰疹並首次爆發。所以如果你和你的伴侶努力想要懷孕，你有皰疹而你的伴侶沒有，那你在她懷孕期間一定要採行安全性行為，也可以考慮抑制性抗病毒治療。

人類乳突病毒

　　人類乳突病毒又稱為溼疣，是由八十種以上不同的病毒所組成。有些病毒會導致肉眼可見的生殖器疣，也就是菜花；有些則完全不會導致疣的產生。生殖器疣可能在陰莖、陰囊、鼠蹊、大腿處產生。形狀可能是平坦或凸起、單個或多個、小型或大型的。所有性活躍的男女都可能受到人類乳突病毒的感染，經由跟感染者陰道性交、口交、肛交時的直接接觸而受到感染。會感染女性的外生殖器和內生殖器，雖然機率較小，但嬰兒也可能在生產時受到感染。

　　人類乳突病毒可能潛伏好幾年，你可能在維持一對一關係好幾年後突然爆發。人類乳突病毒在臨床上的診斷通常是以外觀來判定。也有對病毒的特殊檢驗，但通常去醫師那裡拿健康檢查證明時不會做這項檢驗。目前沒有有效的血液檢驗，但科學家正努力研發。因為這疾病無法治癒，所以我建議減少性伴侶並採取安全性行為。男人必須經常自我檢查，比如是否有睪丸異常的現象產生。你也應該鼓勵伴侶經常接受子宮頸抹片檢查，並觀察皮膚是否有增生現象，如果有，不管是否疼痛都應該就醫。病灶的出現、消失和感染在某些程度上來說是有關係的。

　　要注意的是多數人在受到某些病毒的感染後並不會產生疾病。但有五種常見的人類乳突病毒和子宮頸癌有關。但與造成菜花的病毒和跟子宮頸癌有關的病毒並不一樣。這類病毒不常讓男人產生癌症，但有些女人會產生惱人的疣並且得到子宮頸抹片異常的結果。除了疼痛之外，某些人類乳突病毒也會造成子宮頸異常，可能會導致癌症。只有醫師才能診斷。菜花有幾種治療方式，包括冷凍法、雷射手術、局部乳膏。有些需由醫師動手治療，有些由菜花患者自

己來，但沒有治癒的方法。不會造成菜花的人類乳突病毒常常在子宮頸抹片異常後才會發現。菜花病毒經過診斷是可以處理的。

B 型肝炎

B 型肝炎病毒造成的感染通常不被視為性病，但確是可以經由感染者的精液、陰道分泌物、唾液來傳染，而且其感染率是愛滋病毒的一百倍。你可能經由陰道性交、口交，尤其是肛交，而感染 B 型肝炎。你也可能經由傷口的直接接觸而從感染者那裡受到病毒感染。這意味著如果你家裡有人感染，你可能經由共用刮鬍刀或牙刷而受到感染。

B 型肝炎會攻擊肝臟。輕微的話，你可能永遠不知道自己感染；但有些感染者會發展出肝硬化或肝癌。如果你是 B 肝帶原者，那得到肝癌的機率是其他人的兩百倍。症狀產生的時候，跟腸胃型感冒非常類似。如果你有噁心、無法解釋的疲倦、尿色變深或眼睛和皮膚發黃等現象，就要馬上看醫生。 B 肝有一些新而有效的安全治療方法。但大多數在成年時得到 B 肝的人會自動恢復健康。

有種對抗 B 肝的疫苗，是連續幾劑的手臂注射。你必須接受完整的三劑才安全（A 肝疫苗是兩劑而非二劑）。如果你知道你的伴侶有 B 肝，在完整接受疫苗注射之後就可以保護自己，但須接受檢驗看你是否對疫苗產生反應。沒有危險因子（比如伴侶是帶原者）的人，只要接受注射就好，不一定要檢驗對疫苗是否有反應。這是唯一有用並廣為使用的性病疫苗。

B 肝通常攻擊二、三十歲的年輕男女，一旦感染了，就有小小的機會一輩子都成為帶原者或者出現慢性肝病或肝癌。醫生和護士並不是人人都意識到這種快速成長的疾病，所以不要猶豫，詢問注

射疫苗的資訊，尤其如果你經常換性伴侶。B肝很容易從母親感染給新生兒。小孩和嬰兒也很容易感染，但大多可以經由出生時接受疫苗來預防。

人類免疫不全病毒／愛滋病

人類免疫不全病毒和愛滋病不能畫上等號，但不幸的，前者是後者的前驅。後天免疫不全症候群又稱愛滋病，是因為感染了人類免疫不全病毒而造成的。如果某人經過檢驗是人類免疫不全病毒帶原者，那麼他的免疫系統就暴露在病毒下，他的身體產生了對病毒的免疫反應。

你不可能在沒有人類免疫不全病毒的情況下有了愛滋病，但你卻可能有人類免疫不全病毒但卻沒有愛滋病。人類免疫不全病毒會攻擊免疫系統，讓身體無法對抗常見疾病和不常見的疾病。這種性病感染會傳播到富含白血球的體液中，如血液、精液、陰道分泌物、母親乳汁。病毒不會經由空氣傳染，所以無法經由一般接觸而傳染。觸摸、食物、咳嗽、蚊子、馬桶蓋、游泳池中游泳、捐血都不會感染人類免疫不全病毒。也不會經由唾液傳染。在很罕見的情況下，高度感染的人可能會經由親吻和咬傷而把人類免疫不全病毒傳染給他人，這是因為不注重口腔清潔造成牙齦出血或口腔潰瘍。肛門、嘴巴、陰道的黏膜組織表面富含血流，所以這些地方最容易受到感染。

通常感染人類免疫不全病毒後不會馬上有症狀，可能在染上病毒後還可以健康生活好幾年。有少部分的人在初次感染後會發展出類似急性單核白血球增多症的疾病。如果不治療，這種病毒幾乎總是會發展成愛滋病，而且因為免疫系統崩潰，愛滋病的症狀從看起

來像感冒到癌症都有可能。

雖然沒有治癒愛滋病的方法，但卻有一些新發展出來的藥物可以大量減緩人類免疫不全病毒對免疫系統的作用。人體的免疫系統可能需要六個月才能產生抗體，這意味著你雖受到感染但可能檢驗不出來。性活躍的男女都應該接受兩次人類免疫不全病毒檢驗，一次在危險性行為之後，一次在六個月以後。六個月的等待期間不要跟其他人有危險性行為，可以確保你健康檢查結果良好。不幸的是，在這年代，口頭宣告自己健康通常還不夠。很多人接受自己的伴侶沒有帶原的說法，但卻受騙了。

有個案例，年輕的媽媽一直到女兒出生的時候才知道自己是人類免疫不全病毒的帶原者。當醫師宣佈這可怕的消息時，她嚇壞了。之後她和丈夫都做了檢驗，兩個人都是帶原者。你可以想像，這兩個人都指責對方，認為對方並沒有坦白交代之前的關係。後來發現在婚前，這位丈夫還跟前女友有親密關係，因為兩人太熟識了，所以就沒有戴保險套（她有服用避孕藥）。不幸的是，這位前女友不知道自己受到感染，無意中就傳染給其他男人，造成感染的骨牌效應。

要求看你情人的愛滋病和其他性病的檢驗結果是非常重要的事，尤其是（但不侷限於）你剛認識的女人（可以兩個人一起去檢查）。她也應該看你的檢驗結果。事實上，你可以在她開口要求看你檢驗結果之前，就把你的結果拿給她看，表達善意，讓她也主動做同樣的事情。如果你的伴侶拒絕給你看她的檢驗結果，那你還跟她進行不安全的性愛就非常不明智了。記得，她這樣神祕兮兮，影響的卻是你的健康，甚至是你的人生。沒有人應該把自己的健康當成祕密一樣守著。

接受檢驗的時候，要知道保密檢驗和匿名檢驗的不同，這兩者有所差異。如果你接受匿名檢驗，會以字母或數字來代表你，而不是用你的本名、社會安全號碼或其他的身分資訊。抽血之後，你檢查看看試管上的編號和你拿到的編號紙條是否相符。一個禮拜後你再回到當初檢驗的診所去看檢驗結果。一般來說，檢驗結果不會在電話中告知。而保密檢驗則是說檢驗結果是保密的，能接觸那些資訊的人並不會透露出去。換句話說，你用的是真名，並且把信任寄託在該診所的醫生和護士身上。兩年前，美國南部有一個診所員工拷貝了人類免疫不全病毒帶原者的名單，並在當地酒吧以每頁五十元的代價出售。這種行為非常缺德，但卻不是很罕見。所以，在無法百分之百信任保密檢驗下，最好還是接受匿名檢驗。

有一種檢驗人類免疫不全病毒的新方法，叫做「奧瑞許」測試，不需要血液檢體，只要收集口腔檢體即可，正確率達百分之九十九。跟血液檢驗一樣，奧瑞許也是檢查人類免疫不全病毒抗體的存在。潘娜洛普・希區柯克醫生說這是很棒的產品，國家衛生研究所正與生產商合作中。

某些族群的感染率有明顯增長。舉例來說，南佛羅里達州的年長婦女感染率近來就有所增加。艾瑞克・達爾醫師指出這族群感染率的增加，是因為他們沒意識到人類免疫不全病毒、愛滋病和其他性病對健康造成的風險。這樣一來，這些女性和男性因為沒有使用保護措施而受到感染。既然這些女性不需要擔心懷孕，她們就以為在這年齡不需要保護好自己。她們假設自己的伴侶很健康，這就把自己放在感染的風險中。青少年的感染率也有顯著增加，這是因為他們沒仔細聆聽並注意安全性行為的資訊，所以特別容易受感染。

最後，我要提出一些關於人類免疫不全病毒和愛滋病的重點：

第一點：人類免疫不全病毒有好幾枝：A、B、C、D、E、F、M和O，每一枝又包含了好幾種株。所以男女如果已經感染了一種病毒，仍然可能受到其他種類的感染，而且因為免疫系統虛弱，所以更容易感染。

第二點：北美和歐洲最常見的是B枝，東南亞最常見的是E枝。中非國家則各種不同枝的病毒都常見到。

第三點：某些病毒株比其他的還要致命。有些致命性嚴重的病毒，感染後沒多久就可能發展成愛滋病。

第四點：所謂的人類免疫不全病毒帶原，意味著你接觸到會引發愛滋病的病毒，你的身體對這種病毒產生了免疫反應。

第五點：疾病防治中心在一九九三年定義了愛滋病診斷的基準。這讓內科醫師可以以單一的標準來診斷愛滋病，讓病人更容易接受醫療保險和藥物計畫的幫助。

第六點：在危險性行為後的六個月，可進行檢驗。這是因為抗體需要六個月的時間才足以出現並測試出來，但多數人（百分之九十五）在感染後三個月時就可以經由抗體檢驗方法檢查出來。

第七點：聚合酶連鎖反應可以檢驗出血液中的病毒本身。估計出現血清轉化現象（從非帶原轉變成帶原狀態）的人，在感染後五到七天內，身體的系統就會出現病毒；平均需要兩個禮拜讓血清轉化現象完成。這種檢驗很昂貴，不適合用來篩選，但偶爾可以用在高風險的族群身上，比如色情影片演員。

第八點：之前一度以為帶原者服用某些有用的抗病毒藥物後，可以讓他們的病毒數降到很少，甚至少量到測不出來，而他們之後就可以停止治療。目前這種希望已暫時破滅，因為他們體內似乎有病毒的儲存處。但以後仍可期待有些治療，可以讓某些人的病毒完

全消失。我們越能在實驗室裡面偵測到病毒，就越能成功治療受到感染的病人。

第九點：就算偵測不到某人體內的病毒，也不代表他就無法感染給其他人。

第十點：疾病防治中心在一九九八年估計約有八成的帶原者不知道自己受到感染，因為他們從未接受檢驗。

第十一點：對擁有正常免疫系統的健康人來說不構成威脅的，卻可能伺機攻擊受損的免疫系統，這稱為伺機性感染。舉例來說，接受癌症化學治療的病人，有受到伺機性感染的風險。但不是每種感染都是伺機性感染。

雖然在這裡討論了幾種最常見的性病，但截至目前為止已有超過五十種性病。提供你關於性病的知識，不是為了嚇唬你，而是為了讓你更強壯。只要好好管控自己的性愛健康，你大可不必受到驚嚇。事實上，有了這些資訊，我希望安全和謹慎是自尊的一部分。如果沒有保護，就沒有足夠理由跟你不確定是否完全健康的人發展性愛關係。你沒有為車子投保就不會開車，你也不會在沒有健康或家庭保險的情況下生活。性愛安全也是一樣的道理。你應該負起完全的責任，對自己的健康狀態坦誠以告，跟伴侶溝通，不論你們的關係是多麼隨意或多麼認真。你也應該負起責任，確保自己不會無意間把疾病傳染給情人。

保險套的選擇

保險套可以有很多選擇，但不是每一種都有品質保證。以下為你表列介紹各種式樣、尺寸、質感和其他特徵的保險套。但是在購

買之前，可以先考慮以下資訊。

- **保險套破裂。**每一種保險套都可能在性交時破裂，原因很多。如果處理不當，破裂幾乎是必然的，比如用牙齒咬開保險套包裝、把保險套放在皮夾子裡面，或是汽車手套箱內，因為高溫會破壞保險套的橡膠成分，讓保險套容易爆開。含油性成分（如凡士林）的潤滑液也會破壞橡膠保險套。此外，某些品牌的保險套，四角形的壓縮包裝會降低保險套本身的壽命。

- **保險套的「破壞者」，通常會使用日常手部乳液來充當潤滑液。**潤滑液必須是水性的，而多數的手部乳液含有某種形式的油。油是乳膠保險套的致命大敵，碰在一起會馬上讓乳膠損壞。因此，乳液跟保險套一起使用之前，應小心確定其成分。最好是能使用特別設計的潤滑液，如 Astroglide、Sensura 或是 Liquid Silk（第五章有更多關於潤滑液的資訊）。

- **男人不喜歡在做愛的時候用保險套，最常見的理由是保險套會降低快感。**但這不是問題，重點是安全。如果你們兩個經過檢驗以後，再等六個月確保雙方都健康，而這六個月內你們都沒有做出有風險的事情也沒和他人做愛，然後再檢驗第二次，你們就可以放心使用保險套之外的避孕方法了。

- **參加我工作坊的男人，有時候會說他們的性器過於碩大，無法塞入市面上可見的保險套。**我常在工作坊中打開一般大小的保險套，把我的手指屈成鳥嘴形狀，小心指甲，再把手套進保險套中，不斷延展至包住整個前臂直到手肘處（相信我，可以放進去）。你的性器會比我的手臂還要粗大嗎？你如果不相信，可以自己試試看。

- **如果你陰莖又厚又寬，那有一些加大的保險套會特別適合你。**有

些男人覺得一般的保險套會讓陰莖基部和龜頭的部分過於緊繃。有兩種大尺寸的保險套，Magnum 和 Trojan-Enz，學員比較喜歡前者。他們說 Trojan-Enz 的味道很怪，質感也很噁心。也有種頭部特大的保險套以 Pleasure Plus 的名稱重新上市，這種保險套的頭部較大，可以多一點摩擦力和刺激，感覺真的不同。相同的感受也可以經由在戴上保險套之前，放一點軟糖大小的潤滑液在保險套末端來達成。

露的祕密檔案

因為疱疹和人類乳突病毒可以影響到保險套沒蓋住的地方，所以不像保險套預防人類免疫不全病毒或披衣菌一樣有效，後兩者通常是由體液傳染。但你可以在疱疹發作時避免接觸，並在其他時間使用保險套來保護自己。

↦ 壬苯醇醚 -9 是美國唯一核准使用的殺精劑，在一九二〇年引入美國時是當作醫院的清潔劑來使用。這種很有刺激性的東西可以用在避孕泡沫、避孕膠凍、避孕栓劑、避孕軟膜和保險套上面當作殺精劑。它會破壞精子的脂質層，所以有殺精功效。如果能強烈破壞精子的外層，那你能想想會對她的皮膚表層造成什麼傷害嗎？如果接觸到，這種物質可能會燒傷她。你可以想像把清潔劑抹在你最愛的女人身上最細嫩的地方。我也聽很多女性說過接觸壬苯醇醚 -9 會讓她們經常受到膀胱感染和陰道感染。如果你或她有任何不適，那可以停止使用。一位來參加工作坊的人跟我說：「在兒子一年前出生以後，我妻子和我開始使用避孕軟膜和

避孕泡沫。她的陰道經常受到感染，而且好像永遠好不了。她持續疼痛，我們最後只好不再做愛。當然了，我從你的工作坊知道壬苯醇醚 -9 的壞處後，才知道那就是問題所在。在停止使用避孕泡沫後的一個禮拜，所有的問題都排除了。」此外壬苯醇醚 -9 通常會讓保險套的五年保存期限縮短兩年。

➥ 或許你聽過不同的說法，但壬苯醇醚 -9 是用來降低懷孕風險，而不是用來降低性病風險的。在實驗室的測試中，壬苯醇醚 -9 只可以有效殺死人類免疫不全病毒和皰疹病毒。但並沒有研究顯示壬苯醇醚 -9 在人體上面可以消除風險，也沒有研究顯示它可以干擾正常活動中的人類免疫不全病毒的傳播。在試管裡面它可以殺死人類免疫不全病毒和性病病原體，但卻沒有臨床證據說明這是種安全的疾病預防措施。

➥ 有一些長期研究正在研發其他的殺菌劑，但要完成還有一大段距離。潘娜洛普・希區柯克醫師是國家衛生研究所性病局局長，她說對人類免疫不全病毒、淋病和懷孕的最好保護措施，就是男性在每次性愛時適當、正確地使用保險套。但要記得，人口中有一成會對橡膠過敏。

露的祕密檔案

「我未婚妻之前習慣使用避孕軟膜，就像衛生棉條一樣插入體內。我陰莖開始在性愛過程中會有很不舒服的灼熱感。後來我知道是避孕軟膜中的壬苯醇醚 -9 成分衝撞到我龜頭部分。我會疼痛好幾天，每次小便都是折磨。」

- 殺精劑應該跟保險套一起使用，而非代替保險套。
- 要小心有新奇功能的保險套，比如螢光保險套。這不是用來防止懷孕或性病的。
- 顆粒狀的保險套對女人來說沒有任何功能，那只是設計來讓男人以為有用的，但其實沒用的東西。
- 有許多疙瘩狀突起的保險套惹人發笑，但卻不會帶來愉悅。為什麼？因為在陰道的深處，多數女人只會對壓力有所感覺，而不會感覺到保險套上的疙瘩狀突起。

安全性行為技巧

　　戴上保險套不必然會打斷動作或性愛的興奮感；相反的，跟你的伴侶一起分享這過程，可以增加一些樂趣和情色感。比如你可以讓她幫你戴上保險套，或是兩人一起戴上，用你們雙手一起把保險套往下套。對於比較有冒險精神的女人來說，有所謂的義大利方法，這在我上一本書《完美女人的性愛十堂課》介紹過，也就是女人用嘴巴幫男人戴上保險套。

　　另外一個有趣的密技，就是把軟糖大小的少許水性潤滑液放在保險套的突起處，然後再戴上保險套。這會增加你的感知，減少卡住的感覺。

第三章

幫她培養心情

跟她談情說愛、讓她放輕鬆

我們大多把性愛分成兩個階段：前戲和性交。做大多數運動之前，比如網球，我們通常會花一些時間暖身，然後才覺得準備好正式上場了。我想要從另一方面來思考。首先，如果要享受精采絕倫、令人印象深刻的性愛，就必須先擁有精采絕倫、令人印象深刻的前戲。這對女人來說尤其正確，**女人不先經過前戲，就幾乎無法享受性交。所以前戲到底是什麼？**對女人來說，前戲有兩個主要階段。第一個階段作用在她的大腦上，第二個階段作用在她的身體上。**本章會教你如何勾引她的心靈。**其實很簡單，你先跟她談情說愛，然後再讓她放輕鬆。

這兩個步驟的概念很簡單，但我還是要強調其重要性，這能讓她有心情享受性愛，讓她放下羈絆與顧慮，引領她到極致的樂趣。放輕鬆和談情說愛是心靈前戲的兩個最主要形式（第五章會討論身體前戲）。這兩種行動會那麼有影響力，是因為它們受到你最有力的性器官所控制，也就是大腦。

做愛最好的時機，就是不受干擾，可以完全放輕鬆的時候。所以，找出時間來很重要，就跟其他的活動一樣。但對女人來說，荷爾蒙的高峰期通常在上午七點到十點，對男人來說是上午十點左右，這讓你的一天之間留下一個小裂痕。

談情說愛和禮貌行為

根據我的觀察，要確保男人讓女人興奮並讓女人受慾望影響而瘋狂的能力，在於良好的老式禮儀。我很認真，雖然你和她的腦中都認為她應該跟你站在平等的地位，但這並不衝突。**沒有女人想要放棄男女間的平等。但是女人確實希望自己很特別，而讓她們覺得自己很獨特的方法，就是像個紳士一樣將她們當淑女對待**。畢竟，這公式很簡單：只有男人才可成為把淑女當淑女對待的紳士，既然世界上的紳士越來越少，把禮貌當成待人處事政策的你，就真的會有市場優勢。

如果想要像紳士一樣，你需要像紳士一樣思考。同樣的，這視你的態度而定。如果女人覺得你溫柔體貼，能考慮到她的舒適和愉悅感，那很有可能她就會放心把自己交給你。當然了，你必須已經通過她的「石蕊測試」。

禮貌行為的主要成分之一，就是良好的禮儀。不幸的是，很多父母已經不再教導男孩子守禮儀，而且很多男人就算小時候曾受過禮儀教育，也已經放棄這些習慣了。但說穿了，禮儀其實很簡單，就是以善意和敬意來跟他人互動。

女人的石蕊測試，就是她是否可以想像自己在你身體下面或上面的樣子。

良好的禮儀為何？對人和氣，有禮貌，以她希望被對待的方式來對待她。有一些社會認可的良好行為只有紳士做得到。請注意，這裡提到的只是個概述而非詳盡的列表，所以你可以依自己意願來添加或減少一些項目。

幫淑女開門。這個舉動經常受到責難，但對多數女人來說，這是你對她想法的美好展現。話雖然這樣說，但我必須承認聽過一些男人的不好經驗，女人會嘲笑他們的這種舉動。我是個經過解放的獨立自主女性，但我覺得女人拒絕男人這種想要表達禮貌的舉動實在讓人難過。我喜歡這種對我女性特質肯定的社會認知，我也相信，多數女人在內心深處都會承認她們享受別人把她們當作淑女來對待。很多男人也告訴我，說他們有禮貌的時候，希望女人可以微笑或點頭認同，這會讓他們很開心。

進房間時淑女走在紳士之前，是有歷史緣由的，而且原因不太迷人或溫文爾雅。在較不開化、戰爭頻仍的年代，男人會把女人丟往陌生的入口來測試是否有敵人存在。女人當時被視為比男人沒有價值，她們可說是社會的犧牲羔羊。後來理由又不同了，女人走在男人的前面，是為了讓男人炫耀自己的財富和地位：女人越漂亮，身上穿戴的珠寶越多，男人也就越重要。在現今某些社會階層中，這種態度其實沒有多大的改變。

開車門。只要觀察誰必須爬上路邊雪堆才進到車內，就能知道妻子是誰，你聽過這則笑話吧？如果你讓生命裡的女人從一開始就知道你願意幫她開車門，那十次有九次她會喜歡並感謝你的舉動。如果這對你來說是種全新的儀式，那你們兩個可能要花一點時間來適應，但我相信這種有禮貌的舉動，不但有益於你們之間的互動而且讓人愉快。我有一位男性朋友的母親來自路易斯安那州，如果男人不幫她開車門，她就會拒絕下車。這樣做也許有點極端，但我對她忠於自己相信的事物抱持肯定的態度。如果你的車子較為低矮，她要進車門時，你可以伸出手來幫她維持平衡。

當你們上下計程車、公車或其他公共運輸工具時，你可以考慮伸出手或手臂來幫她上下車。

女士進入或離開房間時起身。請注意這舉動在社交情境比較適合，在商務情境則否。我念私立學校時，我們在老師進入或離開教室時應該起立。這是尊重年長者的明顯表現。但是在社交情境中，因為女士而站立，即使只是從椅子中起身，也是種很棒的體貼有禮貌的舉動。參加工作坊的男人曾有類似的評論：「我的舉動雖然微不足道，但對她卻有很大的影響。我知道她認為我關心她。」

幫她拉出椅子。跟並排停車一樣，這舉動需要花點心思，多練習幾次，巧妙地做。如果她從洗手間回來，你不需要一躍而起。只要在她回桌的時候稍微拉出或移動她的椅子。其他時候就由她自己來完成，你不需要像個管家一樣跳到她身後。

攬著她手臂或者把手放在她的後腰上。這兩個舉動可以用在公開場合和社交場景中，也是最不會受到抗議的公開表達感情方式。手牽手或者把你的手臂繞在她肩膀上面則比較不正式，不建議在公開活動中使用。這些舉動還是留在週末閒逛、坐在電影院或是餐桌

前時，用來表達你們兩個的親密感比較合適。

幫她提東西。有位女士提到：「我記得剛跟我男友認識的時候，他說他願意在購物的時候幫我提所有包包。除了我的皮包以外，他不想要我提其他東西。一段時間之後，我才了解這是他說『我愛你』的方式之一，他真的很關心我。」

同樣的，如果女士想要自己提袋子，那就讓她提；這是她的選擇。但記得，女人大多數都會歡迎你想要幫她提東西的好意。雖然幫她提購物袋是個有點粗線條的例子，你也可以選擇其他舉動來表示你在意她，比如幫她把雜貨拿進屋裡或者幫她移動粗重的東西。

良好的餐桌禮儀。很少有東西像糟糕的餐桌禮儀那麼倒人胃口。相反的，用餐時舉止合宜會給女人留下深刻印象，讓她覺得她跟一個知道自己在做什麼的男性在一起。

如果沒有人教過你合宜的餐桌禮儀，那你可以去書店找介紹禮儀的書籍來閱讀。

露的祕密檔案

如果生命裡的女人喜歡強烈的香水，可以試試晚香玉、火鳳凰、豔紅百合。如果這些味道過於強烈，那可以噴一點味道柔和的小蒼蘭。

讓她心醉神迷

除了把合宜禮儀加入禮貌行為中以外，還有一些浪漫的方法可以讓你獲得她的全然關注。這些建議是用來讓你和她往臥房的親密感更進一步。

當廚師。越來越多的男人用他們的廚藝來擄獲女人芳心。對我的雙胞胎妹妹來說就是這樣。她的希臘丈夫可說是廚房裡的魔法師，當她知道這是他的才華之一時，真的覺得飄飄然。能下廚的男人真的很有魅力。女人幫男人做菜會讓男人覺得受到關愛，相同的，男人幫女人做菜也會讓女人有同樣感覺。

床上早餐。如果你更喜歡在早上做愛，那在床上用餐一定可以讓你和她微笑面對一天，你也會成為當天的白馬王子，至少是那天早晨的白馬王子。你最好避免食用易碎的穀物製品比如五穀酥。在床上這微妙的地方，最好還是食用軟性食物，可以輕易用手指拿取的。可以試試切好的水果，或者容易掰開的柔軟丹麥餅或可頌麵包。你可以為她準備她喜歡的咖啡或茶，把奶精和糖或者人工甘味劑的小容器放在碟子上。我另外還建議一個訣竅：那些進口的果醬除了放在她小口吃著的英式鬆餅上，還有其他更有趣的地方可放。

送花的藝術。世世代代以來，紳士把花朵送給情人來表達自己的感覺。送花真的是紳士的舉動，如果你知道她的偏好，那效果就更好了。換句話說，紅色玫瑰很美妙，常常是心頭的第一選擇，但通常還會有其他花朵更能觸動她心房。有位參加工作坊的女士分享道：「我現任男友發現我喜歡薰衣草之後，他跑遍了曼哈頓上西區的每家花店去尋找薰衣草。我本來不知道，後來他的姊妹告訴我，他花了兩個小時找尋我喜愛的花。會這麼做的男人，你一定會愛上的！」另外一位男士告訴我：「如果初次約會以後，男人送女人一打紅玫瑰，這意味著他剛享受過頂級的約會，要不就是他不知道自己送出什麼訊號。紅玫瑰可不是隨意用來感謝的花朵。」

如果你希望她對你的印象持久一點，那可以送一些新鮮的花朵。花籃和玫瑰的開花期最短。花籃用花大多是花期快結束的花朵。你可以檢查玫瑰的花萼，也就是玫瑰花瓣下面的綠色葉狀薄片。如果花萼緊附著花瓣，那就是新鮮的玫瑰。不然你就是拿到再過一兩天就會枯萎的花朵。新鮮玫瑰通常可以持續五到七天。

放鬆是關鍵

有個簡單事實是難以迴避的：女人如果沒有放鬆心情，就難以興奮。也就是說，**身為她的性伴侶，你必須想方設法讓她有適合的心情**。你要怎樣幫助她放輕鬆呢？你會很高興（也許鬆一口氣）知道的確有一些經證實有效的方法可以幫助你的伴侶放輕鬆，這樣她不但對你比較有反應，也更能徹底享受。有位四十多歲的醫師告訴我：「我知道我必須讓我妻子放輕鬆才能讓她興奮。如果她不能放鬆，我知道就不會發生什麼事情。所以我才會變成足部按摩之王。」另外一位工作坊參與者是建築師，他說他會帶著伴侶去泡澡：「我會用她最喜歡的薰衣草浴鹽，如果她進門的時候嗅了一口，我就知道她難逃我手掌心了。」

暖身可以在遊戲上場前二十四小時開始，先在你腦中暖身。

雖然多數男女都同意，你所使用的方法給身體帶來的效果很重要，但讓她放輕鬆的關鍵在於你的態度。很簡單，如果她覺得你費盡心思特別對待她，那她會有所反應的。

為什麼放輕鬆對女人來說會那麼重要呢？因為女人的大腦可以同時處理十件事情，而且通常出於必要，她們也會這樣做。除非那些讓大腦忙於應付的東西都安靜下來，否則她無法把足夠的專注力轉移到手邊的事情。這跟男女的差異有關：女人常以人際關係來體驗她們的世界。男人則容易區隔化。就性愛來說，這意味著男人可以走進臥室，把那天所發生的事情都摒除掉。可是當女人躺下來時，仍會有源源不絕的待完成事項會浮現她腦海中。**所以如果你稍晚想讓她興奮，你必須幫她減壓，讓她冷靜下來。這連結是具體且清楚的。除非女人心靈放輕鬆，不然她的身體不會跟上。如果她的身體無法放輕鬆，那也難以覺得興奮。**

基本事項

有四個可以幫助女人放輕鬆的基本事項，這四項沒有特定順序。

- 讓她舒服自在，身心皆然。
- 減少外在干擾。
- 騰出空間和時間，即便十分鐘也行。
- 讓她知道你喜歡她的身體。

一、**讓她身心都舒服自在，也就是提供良好、安全、愉悅的環境方便性愛進行。**舉例來說，如果你們未婚，沒住在一起，那可以把你的臥室變成吸引她的地方。她在房間裡是否有個專屬地

帶，比如她可以放化妝品或衣服的抽屜或櫃子？如果你們已婚或者同居，那要確保你也注意到自己臥房的狀態，一起來維護房間整潔、把衣服擺好、床鋪要整理過。一位女士在工作坊分享了她的故事：「我剛開始跟一個男人約會，我們變得認真起來了。我們一起睡過，但從來沒在他家睡。他是很成功的投資銀行家，總是梳理乾淨，穿戴整齊。但我第一次去他公寓的時候嚇一跳。那公寓髒死了，床單很髒，浴簾也長了霉菌。我覺得很噁心，一點興致都沒了。那晚我編了些理由回家去了。過了幾天，我善意地跟他說他應該為公寓做些改變。畢竟他又不缺錢，我想只是沒有人提醒他罷了。」對多數女人來說，乾淨是非常神聖的。

二、**讓干擾降到最少，你可以讓環境變成親密的避難所。**有位女士說：「我們有兩個小孩，一個四歲，一個九個月大。我們兩個都有工作，下班以後通常都精疲力竭了。我們每個月會規畫一個解脫日。我們會雇用整晚的保姆，然後到商務套房或是朋友的空屋去。這樣我們就可以讓兩個人再度連結，重燃單身時候的浪漫火花。那時我們的旅行計畫很滿，常要好幾個月之前就規畫才能看到彼此。當我們結婚生子後，　開始我會因為離開小孩而有罪惡感。但是解脫日對我們婚姻造成的效果可以說是奇蹟！兩個月前，九個月大的小孩生病了，染上急性腹痛，四歲的那個又把貓砂丟進洗衣機裡造成阻塞。我們在一片混亂中看著彼此，同時說出：『再經過兩個晚上就是週六了。』那是我們的解脫日。我們都大笑了起來。」

三、**好好計畫，騰出時間、空間來。**就像你挪出時間來健身、打高爾夫球、送車進廠保養一樣，你也需要挪出時間來談情說愛和

放鬆心情。參加工作坊的一位女士說，讓她一次又一次不斷愛上她丈夫的原因，就是他談情說愛的能力，她說：「他可以簡單地把我帶到其他房間，遠離小孩，給我吃我最愛的冰淇淋口味。他也可以在一個寧靜、只有我們兩個的空間做些貼心的舉動。我們時常必須等到晚一點的時候，但當他點燃我的慾火時，我們可以在浴室淋浴時快速來一炮，小孩在房子另外一邊，他從後面幹我，我們看著鏡中的自己。」你無法預知何時會有機會讓你對她全心關注，所以你必須讓她放輕鬆，讓她有心情享受性愛。

四、讓她舒服自在。 如果女人對自己的身體感覺不太好，那她就很難放輕鬆，讓自己興奮起來。女人在受到關注時，還有他人對她的身體有正面評價時會變得有自信。就算擁有模特兒身材，多數女人還是會質疑自己的吸引力並對自己的身體形象有負面的感覺。我假設既然你跟她在一起，你應該覺得她很性感，想跟她在一起。跟她說你喜歡她身體的什麼部位，跟她分享你想跟她做些什麼。她需要你親口跟她說你受她所吸引。有位女士說：「我男人說的一些特定話語會讓我很溼，有時候他會在我上班的時候打電話來說，真的很壞。」另外一位女士說她變得非常狂野，就在她男友說他想把嘴巴放在他上禮拜五晚上擺放的地方時。

> 親密感的最大敵人，就是疲憊和缺乏時間。在關係的初期，你會把親密感當作優先事項，但到了後來，親密感就會放在一旁，尤其有小孩子以後。簡單來說，你和你的伴侶應該優先關注你們的親密關係。

你最近是否跟她說過她最讓你興奮的是身體的哪個部位？在為情侶舉辦的工作坊上，有一對男女結婚五年，有兩個小孩，聽到對方的回答時很驚訝。「我喜歡她頭髮在脖子後面捲曲的樣子，還有她臀部上面的小凹處。」他的妻子只能說：「你沒開玩笑吧？我很討厭那些小凹處。」他接著說：「我就是知道自己喜歡啊！」她馬上回應道：「難怪你那麼喜歡狗爬式！」他害羞地笑了出來，說：「被逮到了！」對她來說，他的雙手最能讓她興奮。「因為你又高大又強壯，我喜歡看著你雙手，回憶起它們放在我身上的感覺。」一旦她知道你對她美麗身體的某個部位的感覺，要經常地提醒她。

讓她放輕鬆的祕訣

挪出一個可以讓她放輕鬆的空間。女人對環境的反應很敏銳。幫她打造一個綠洲吧！看是在臥房、客廳、戶外門廊還是浴室都行。可以用燈光、香味，或其他的感官刺激來宣告工作天已經結束，是放輕鬆的時候了。

在她進門之前，幫她放洗澡水。點上柔和的燈光或者有香味的蠟燭，幫她脫衣，坐在她旁邊（可坐在馬桶上，當然不要使用它），跟她分享輕鬆時光。幫她沐浴或者用絲瓜絡摩擦她背部。也許你可以

倒杯葡萄酒或冷開水給她喝。一位紐澤西的兒童插畫家回憶道：「我丈夫第一次幫我放洗澡水還幫我洗澡的時候，我就知道自己會跟她結婚。我不想要放棄那麼好的機會。一直到現在，他還是喜歡幫我洗頭。」這舉動會那麼有誘惑力，是因為你在她還沒回家的時候，就已經想到她了。世界上每個女人的內心深處都希望知道對方在生理和心理上會照顧她，而且每個女人都希望自己很獨特受到肯定。

離開浴缸後，問她希不希望你幫她做足部保養、拿毛巾擦拭她身體或者幫她擦上保溼乳液。就像房屋仲介業強調的「地段、地段、還是地段」一樣，女人要的是「關注、關注、還是關注」，你能想像得到的關注都派得上用場。

吸引她的五種感官

藉由誘惑她的五種感官，視覺、嗅覺、味覺、聽覺和觸覺，你就帶她更接近前戲的第二個階段了，也就是喚醒她的身體。你可以把她的五種感官當作是心靈和身體之間的重要橋梁。你已經跟她談情說愛、讓她心靈放鬆了，現在可以喚醒她的身體了。一位會計師說：「我想要盡量接觸她的感官，所有的感官。」誘惑她的感官，讓她在你愉悅的雙手中受擺佈。

視覺

人類基本上是視覺動物。**視覺是我們最有力量的感官**，因為我們最依賴視覺。男人喜歡女人佈置的家，也喜歡吸引人的環境，很多男人都不斷地分享了這一點。那你為什麼不充分利用你知道有用的東西，然後對她做一樣的事情呢？只要創造一個特別、親密的空間，你跟她在一起一定能得分的。

你愛之窩的視覺吸引力可以對她造成神奇效果，如果你讓你的房間、公寓或房屋保持乾淨整潔，那會有很大優勢。拜託不要讓女人睡在亂糟糟的床上。相信我，衣服隨意丟在地板上、床上，或是燈罩上，看起來並不會像藝術品。噁心！她會覺得你跟大學生沒兩樣。如果要讓女人覺得自己很特別，那你應該邀請她到一個可以展現出你關心自己的地方。

有用的小提示

➥ 昏暗的燈光可以讓人更迷人，對男女雙方都一樣。

➥ 如果你真的想要引誘她，那小心的把插有花朵的花瓶放在床邊或床上看得到的地方。這可以是你們「就是今晚」的訊號。

➥ 對單身男子來說，如果你房間裡面有照片，要確保不是前任女友的照片，那真的會讓人興致全失。

味覺

若要引起她的主要反應，可以使用氣味，但氣味可以吸引她也可以嚇跑她，所以要謹慎使用。味覺是最原始的感官之一，有些人說味覺有長久的回憶效果。很可能你曾經跟一個身上有某種氣味的女人交往過，而直到現在，只要一聞到那種氣味，你就有一股情緒上身。你可能已經忘記她的長相或者姓名，但還記得她用的香水。要記得，你的身體化學可能會是你最寶貴的資產。你可能有某種特別的體味，讓某些人覺得你難以抗拒。對一些女士來說，你的味道，正是終極的費洛蒙。有位女士說：「天啊！我愛死他的味道。那不是他噴的古龍水，而是從他脖子散發出來的味道。只要輕輕一吸，我就希望他能環抱我全身。」

女人的嗅覺比男人靈敏許多，你可能不會注意有什麼味道一直消散不去。解決的辦法就是經常洗澡，在重點部位使用肥皂。

另一方面，男人比女人容易流汗，所以跟女人在一起的時候，更需要非常注意自己的衛生。頂泌腺是位於腋窩和鼠蹊部的特化汗腺，會分泌一種較黏且有刺激味道的汗液。這種汗液跟身體上一般的細菌接觸，就會產生體味。如果不想體味侵犯你的伴侶，那就時常洗澡，然後用止臭劑。

有些男人光憑身上的味道就能讓女人難以抗拒。有位女人這樣說：「我喜歡他在我家裡過夜以後，枕頭留下來的味道。他不在我身邊的時候，我喜歡穿上他的舊毛衣，那能讓我興奮，也有撫慰人心的效果。」

既然有些女人對味道的反應很強烈，那麼要挑逗她的有力方法之一，就是芳香療法。芳香療法這詞是十九世紀化學家嘎特佛思所創，意思是「從花朵、植物和芳香灌木中萃取出來的有氣味物質，經由吸入或搽拭在皮膚上的治療方法」。這些天然的氣味以精油的形式保存，可直接塗在皮膚上、作成浴鹽或放進蠟燭裡。每種氣味都作用在身體的不同部位和敏感度上。

用在性愛上時，這些氣味可以讓她放輕鬆，加強她的性愛愉悅

感。根據維勒莉・安・渥伍德在《香味感官》一書中所說，精油會直接作用在大腦的嗅覺受器上，接著會馬上作用在大腦的情緒中樞，跟化學鎮定劑不同，後者是間接作用，必須先經過消化系統或血液才能作用在神經系統。精油有幾種使用方式：

- ➥ 放在無味的蠟燭上。
- ➥ 滴幾滴在淋浴盆裡面。
- ➥ 跟按摩油混在一起。
- ➥ 放在精油燈中。
- ➥ 小心地滴在燈泡上。

有用的小提示

- ➥ 問她對你刮鬍子後使用的香水或古龍水的意見。某些氣味可能讓女人興奮也可能讓女人興趣缺缺。
- ➥ 你的被單乾淨嗎？你可能對自己的味道沒有感覺，雖然她可能會喜歡，但你最好還是使用乾淨的被單。
- ➥ 檢查你的洗衣劑。有些品牌會有明顯但卻不好聞的味道，你可以考慮使用無味的洗衣劑。
- ➥ 檢查你的止臭劑。是否有用？味道會不會太過強烈？或是恰到好處？
- ➥ 使用任何形式的精油時，絕對不要把精油用在你或她的陰部上。

味覺

　　每個人對味覺的感受和偏好都不同。但讓味蕾興奮起來，卻可提升你和她的慾望。你是否曾試過在床上餵她吃東西呢？她是否餵過你呢？葡萄很有趣味，而且就算掉在床上，也是小事一樁。以下

介紹的食物被廣泛認為是最好的（最有誘惑力的）。

草莓：整顆草莓、浸在巧克力中、浸在酸奶油和紅糖混合物中，都
　　　棒極了！

無花果：選擇新鮮飽滿的無花果，那柔軟毛茸茸的表皮會讓她聯想
　　　　到你的陰囊。誰知道呢？也許你可以開始在約會的時候帶上
　　　　幾顆無花果，而不是一瓶紅酒。

葡萄：這種細緻的小水果真的很有意思。你可以先含住一顆，要她
　　　把那顆給咬出來。

梅子：夏天的時候味道最佳，這些甘美的水果可以解油膩。

巧克力：黑巧克力、牛奶巧克力、白巧克力，隨你組合。它的甜味
　　　　可以用來讓你們從性愛前過渡到性愛上，內含的苯乙胺成
　　　　分，跟戀愛時大腦分泌的產物一樣。

橄欖：如果橄欖裡面塞入甜椒或杏仁，你可以考慮把橄欖含在嘴
　　　裡，讓她把裡面的填充物吸出來。

牡蠣：當然是生的，那不但很肉慾，而且跟女人陰部很像。牡蠣也
　　　有大量的鋅，是可以增加男性活力的重要礦物質。

堅果：杏仁、巴西胡桃、腰果。

乳酪：有些人比較喜歡如 Jarlsberg 的硬乳酪，有些人喜歡較軟的
　　　乳酪如 Brie 或 Camembert。

飲料：葡萄酒（跟你說，紅酒跟巧克力很搭）、香檳、果汁、冰水
　　　（無氣泡或含氣泡）。

有用的小提示

➥ 口腔清潔和身體清潔對每個人來說都很重要。

➥ 不要使用過多的味道；不然會讓你的味蕾疲憊。少量的幾樣東西

效果最好，記得，這是開胃菜。

➜ 記得選擇飲料的基本準則：不要掩蓋過食物的原味。

聽覺

原諒我的嘮叨，但我必須提醒你可以由她的耳朵來誘惑她。是的，可能是你說的話，但你可用更微妙的方法來觸動她。你知道有些女性服飾店會把小聲悅耳的音樂當背景，希望可以讓女人購物的時候放鬆心情嗎？你記得那些後來發展成商場背景樂（Muzak）的研究嗎？這兩個例子都說明了音樂對大腦有強烈的紓緩效果，尤其是用在女人身上。

露的祕密檔案

如果在臥房可以聽到答錄機的聲音，那就把聲音關掉，如果你床邊有電話，那把鈴聲給關掉。電話聲響和你媽的聲音可以讓你們的情緒都被破壞掉。

在為浪漫的夜晚做計畫，或者準備讓你的伴侶放鬆時，可以考慮播放音樂。也許你們不想聆聽音樂，而只是想優雅地把音樂當背景。任何一種器樂都有平靜紓緩人心的效果，就算貝多芬的第五號交響曲也是。沒有歌詞的音樂可以讓你的大腦神遊晃蕩，不受外在世界的羈絆。

如果你對器樂不熟悉，那可以逛逛當地唱片行的古典或爵士區。如果你已經認識對方，那可以選擇誘惑之王貝瑞・懷特或馬文蓋伊的音樂。但如果你不想採取行動，聽懷特或蓋伊的音樂前要小

心。如果你剛開始想要慢慢來，那可以考慮以下建議：

菲利浦・艾柏格，《走出框架》（新時代）

恩雅，《水印》（當代人聲）

肯尼・瑞金，《肯尼・瑞金專輯》（當代人聲）

凱斯・傑瑞特，《阿爾布爾澤娜》（新時代爵士樂）

約翰・貝瑞，《點播排行榜》（當代作曲家）

《溫德姆山回顧》（新時代）

由 Verse 公司出品的爵士午夜縈迴系列，包括查特・貝克、比莉・哈樂黛、班・韋伯斯特（爵士樂）。

另外一個經由耳朵讓她放輕鬆的方法，是裝飾性的噴泉。我指的不是在客廳擺放一個超大型的噴泉，這些裝飾性的噴泉不會很大，可以放在音響、桌子、書架上面。有些男女注意到背景的水流聲可以降低他們的壓力並增加他們的性慾。

有用的小提示

➼ 音樂小聲播放。

➼ 選擇慢拍旋律的音樂，除非你想要嘗試快節奏的拍擊音樂。

➼ 詢問她是否有特別喜歡的專輯。

➼ 可建議她一起選擇音樂來播放。

觸覺

喚醒她的四種感官之後，你現在是否已準備好觸摸她了。這第五種感官是她身體和心靈之間的終極橋梁。你可能注意到女人就像

貓一樣，撫摸她的時候，她會蜷曲到你的手臂裡圍繞著你的身體。肢體間的任何接觸都可以幫助她放輕鬆，這樣可以讓她更加興奮。觸摸不但是讓女人放輕鬆的最好方式，也是讓女人參與並興奮的關鍵，這是讓你們兩人之間連結起來最簡單的方法。「我是有旺盛企圖的成功女性，但我丈夫只要在公開場合走在我後面時，摸著我的手臂或背部就夠了。他觸摸我的方式可以讓我心情平靜。而且他有那些暗示我們離開或是找地方獨處的不明顯訊號。他會輕柔地擠壓我的手，那在晚宴的時候效果真的很棒。」

下一章焦點會從她的心靈轉移到她的身體上。當你開始在她的身上遊歷時，可以注意她放輕鬆的徵兆：她的呼吸改變了嗎？變得更深沉？更緩慢？男士們，記得一個簡單的事實：一旦她放鬆心情，就容易在你懷中放下一切。

第四章

喚醒她身體的性感帶

吻她、撫摸她、挑逗她

　　求愛和放鬆可以讓她的心情進入適合性愛的狀態，這個前戲的第二階段，可使能量投射至最高層次。現在是讓她的身體充電的時候了，要巧妙地刺激她，讓她的性愛動能慢慢累積。有一位女士宣稱她丈夫在前戲方面可以說是魔術師。「他有訣竅可以在二十四小時之前就開始前戲。他留下一些小線索，暗示我他喜歡怎麼做、他想品嘗我身上的什麼部位、他想在哪裡做，把這些線索寫在便利貼上，貼在我的筆記簿裡面。」

　　你要讓她覺得自己很特別，她才會有心情，相同的，你也要全力關注著她，才會讓她生理上感到興奮。如果她覺得你此時非常專注、聚焦在她身上，全力陪伴著她、取悅著她，那她就會像烈日下的花朵一樣綻放。正是她那種毫無顧忌，完全放開的態度，才真正讓你興奮，不是嗎？**她跟你在一起時需要感到安全，才能放得開。**有位信投銀行家回憶說：「我女友第一次放得開並讓我跟她做愛的經驗真的很棒。我感受著她的身體，她以完全不同的層次來回應著我。我跟其他女人從沒有那種親密感，所以我們現在還在一起。那

種感覺真的很棒，也同時讓我幾乎停止心跳。」

露的祕密檔案

你不一定要跟她共處一室才能前戲，也不是做愛當天才能前戲。

一位女攝影師告訴我說：「我之前的男友有種方法，可以在我們做愛時，讓世界停下來。他臉上會掛著淺淺的微笑，把前門鎖上。他對我的關注真的很強烈，這很重要，可以讓我非常興奮。我腦袋裡完全不再想任何事情，就算我半小時之後必須趕去上班也沒關係，我可以在車子裡整理頭髮。」

我的論點有兩層意義。**除非她放鬆心情並舒服自在，否則你怎麼努力都無法發動她的引擎。**所以我在上一章才會提供你跟她求愛並讓她放鬆的方法。現在是開始取悅她身體的時候了，這意味著親吻她、愛撫她、挑逗她。

女人常常會抱怨男人只有在想要做愛的時候才會愛撫她們。男士們，做愛雖然很可能是你的目標，但如果愛撫不要緊接著性愛，你們或許可以得到更多。老實說，我不希望在這主題上像跳針似地一再重複，這評論是我經常從來參加工作坊的女人口中聽到的。正如一位女士所說：「我愛他，想跟他在一起，但為什麼每次愛撫到後來都會發展成性愛？如果偶而他經過我旁邊，會親親我的頭或者抱抱我，我就會覺得他好愛我。這會讓我對性愛的態度更放得開。」有位男士這樣說：「不需要是天才，也知道你愛撫她的全身後，才知道她喜歡怎樣被愛撫。」

> 男人越常以非性愛的方式跟女人接觸，女人就越容易接受他。

親吻她

　　對絕大多數女人來說，親吻是最強而有力的感官刺激。不論是溼潤的吻、冰冷的吻、短暫的吻、停留的吻，親吻本身就可以讓你的她腿軟屈服。根據我在女士工作坊的觀察，我可以說親吻能力是你身為情人造詣的最好指標。有位女繪圖師說：「親吻可以讓我的馬達運轉。全世界的愛撫加起來，也無法取代他親吻讓我興奮的強度。」另外一位女士這樣回憶她的舊日情人：「那時他愛我，我也愛他，但我們性愛間的化學反應卻難以作用，因為我討厭他親吻的方式，他也從來不聆聽我喜歡他怎麼親我。」男人也注意到親吻的力量，有位工作坊的參與者說：「我覺得前戲時熱烈的親吻非常性感也撩撥人心。」

　　另一方面，我們大都有年輕時親吻經驗的美好回憶。這裡我們認真點吧！那時候親吻會那麼美妙，是因為親吻的目的就是展開一切。在長久的關係中，很自然會忘掉親吻可以有多美妙。我們容易忽略可以讓事情發生、有技巧的吻。如果你當時知道吻的神效，那記得腳踏車的比喻，一旦學會了，就難以忘記。

　　如果你好好地親吻女人，以她希望的方式親吻她，那你便是往讓她投入你懷抱並在你口中融化的目標邁進了。你親吻她的方式和她希望你怎麼親吻她，都很重要；但我想最重要的，**是要帶感情、帶企圖地親吻**。簡單來說，這正是你跟你的愛和親密感溝通的地

方。一位女建築師說：「我常聽說那種讓人驚嘆，完全將你融化的親吻，我想那應該就像多重高潮一樣。後來我認識史都華。我只能這樣說：親吻他讓我靈魂出竅。說真的，我甚至記不得他做了什麼讓我升天。有一件事情我能記得：他對我嘴唇的吸吮，一直到現在我只要想到就溼了。」

露的祕密檔案

有些女人喜歡男人在親吻的時候輕柔地把女人舌頭吸入他的嘴巴，有些女人則不愛。先問問她喜歡什麼，討厭什麼，總沒錯，也要注意觀察她的訊號。但拜託：不要像洗衣機一樣狂攪她的舌頭。

另外一件該注意的重要事項，就是每個人的親吻方式都不一樣。有時候我們的風格會隨著心情而改變；有時候會隨著天氣變化而有不同。**不管怎樣，變化正是關鍵**。你可以請她以她希望你親吻的方式來親吻你。所以如果她親咬你的嘴邊，或者吸吮你的下唇，那一定要問她：「妳也希望我這樣親妳嗎？」

以下是一些有用的訣竅，可以謹記在心。

- ➡ 下嘴唇豐厚的女人，可能會希望男人將下唇慢慢地溫柔地吸吮進嘴裡。
- ➡ 可以把捲起的舌尖對著她的上唇內側滑動。你舌頭的下側會靠著她的牙齒，有味蕾的那一側靠著她上唇的內側。同樣的，不是每位女士都喜歡這樣，要記得先問過她。
- ➡ 你們可以同時吸吮著對方舌頭。「他吸吮我的舌頭很有一套。他會慢慢地吸吮，然後親我，然後再把我吸吮進去，然後只吸吮舌

尖……」

↪ 請不要把整個舌頭塞進女人的嘴裡面，除非你知道她希望你這樣做。你的舌頭通常比她的還大。有位女士說這感覺就好像「他強行把舌頭塞進我喉嚨」一樣。

↪ 要注意你的嘴唇有沒有閉好。如果嘴唇張太開，她可能會覺得有點邋遢。

↪ 要避免像啄木鳥一樣的親吻技巧，也就是把堅硬舌頭的舌尖進進出出她的嘴巴，這是法式接吻的拙劣模仿。

↪ 記得龜兔賽跑是誰勝出吧？欲速則不達，慢慢地、循序漸進的親嘴方式才能贏得競賽啊！

各式親吻

法式接吻。這種親吻又叫做靈魂接吻，是二戰期間英美士兵把解放的性愛方式都歸給法國人。這是最受廣泛認識的一種親吻方式。美好的法式接吻可以持續好幾個小時，要注意，節奏很重要。你可以改變節奏，先吸吮她的舌頭，然後游移著你的舌頭。要小心不要太過用力吸吮她的舌頭，也不要讓舌頭太尖（啄木鳥）。

神魂顛倒式。我從工作坊中得到的資訊，知道親吻女人最誘人的方法之一，就是男人站在她前面，用手掌托著她的頭部和頸部，讓她的頭可以在你手掌裡放輕鬆。

牆壁親吻式（壁咚）。有時候這是最火熱的親吻種類，因為動作又急促又熱烈。你身體靠在她身上，雙臂分別放在她兩側的牆上，讓她也可以緊靠著你。

階梯式。如果你們身高有差距，這姿勢可以讓你們雙眼平視。

如果她想體會比你還高的感覺，也可以用這姿勢。有一位男士說：「那是我們第一次約會，我們吻別時，我女友抬起頭來看著我，說她想嘗試點新玩意。她握住我肩膀，走到階梯上，讓兩個人眼睛同樣高度。她說她想要公平競爭。然後接下來她就親了我。她掌控全局的樣子真的讓她很興奮。」

任何時間都可親吻的卡。就像大富翁遊戲的出獄卡一樣，這種卡片可以讓你的愛情生活更加美味。這卡片永遠不會過期，你可以把它放在某處，或者郵寄出去，或者親自送達。這卡片可以讓你送出想要送出的吻。

不在嘴上之吻。好好利用你的嘴唇，吻遍她整個身體。你知道，她的身體就好像是魔法森林一樣，有很多未經探險的地區，讓你在裡面迷失。你可以試試她手臂內側、肩膀上部、臀部、膝蓋後方、腋窩和其他任何地方。

畢卡索式。很多女人喜歡某種親吻陰部的方式。來參加我工作坊的一位男士說：「我喜歡在親吻女人下面、她的乳頭或者其他地方以後，接著再回到她的嘴巴。」對有些女人來說，你帶著開放的態度這樣品嘗著她，是種接受她的特別行動，這是種最強烈的春藥，效果就好像女人品嘗著你並吞嚥下去一樣。

露的祕密檔案

> 親吻是讓女人的馬達開始運轉的最好方法。

親吻手部。吻手禮是種優雅的禮貌行為。當她伸出手讓你跟她握手時，你可以輕柔地捉住她的手，就像你早已準備要跟她握手一

樣。然後順時針翻轉她的手掌,親吻她手背中央處,記得你的嘴唇要保持乾燥。親吻大約兩秒鐘後,放開她的手。有位女士重述了她的故事:「我們第二次約會時,剛點好了酒,侍者離開以後,我男友轉頭對著我說:『我整夜都想這麼做。』然後,非常輕柔地,他舉起了我的左手,移到他嘴唇處,緩慢溫柔地親吻我的手背。天啊!那是他做過最誘人卻柔和的事了。」

露的祕密檔案

　　男人不想親嘴的主要理由,就是有鼻竇炎或是鼻塞。既然親吻是讓女人興奮的最好方法,如果你鼻子有問題可以考慮使用去充血劑。如果情況嚴重,可以考慮動鼻中膈彎曲的手術。

愛撫她

　　這裡我們使用第五種感官。當你愛撫著她的全身時,不要忽略任何地方。有位男士說他在幫他伴侶按摩完之後:「如果她幾乎睡著,或在我停下來的時候生氣,那我就知道我自己做得挺好的。」

　　當然了,每位女士都不一樣,你應該要遵守「先問她」這個重要準則。你應該享受她的全身,這點也一樣重要。正如一位女士警告說:「我感覺自己就像有很多操作步驟的機器一樣。他會先摸甲處、再摸乙處、再摸丙處,然後就以為我已經準備好可以做愛了。天啊,真是夠了!我可不是用遙控器操控的。」所以,前戲是否美妙的關鍵,就在於你是否願意遊遍她的身體,觸摸著她的身體,但同時又先遠離那些所謂的作用點(如她的陰部)。

你也應該記住，多數人都會以自己想被愛撫的方式來愛撫別人。但是男女喜歡的愛撫力道通常會有差異。男人喜歡較深層、較強的壓力，而女人對較輕柔的壓力比較有反應。為什麼呢？因為在男性荷爾蒙睪固酮的作用下，男人的皮膚會變厚變緊實。因此你喜歡的愛撫可能對她來說會太用力了，也可能會讓她感到不舒服甚至讓她受傷。

露的祕密檔案

對女人身體性感帶的著迷不是現在才有的現象。在十八世紀時，印度曾有一幅迷你畫，標記出女人的性感帶。那年代的人相信性感帶會隨著月亮的陰晴圓缺而跟著移動。

我知道你可能不習慣問路，也不習慣接受指引，所以我在這裡提供女人身體的地形圖。我在工作坊中聽過很多男士說他們對地圖和指引很有反應，閒暇的時候喜歡從中熟悉不同的路徑和旅程規畫。在此我會系統化地從頭部開始往下介紹，提供你一些線索和指示，讓你知道如何讓每個地方都充滿活力。

頭部

女人大都喜歡頭部被按摩、頭髮受到愛撫、玩耍、享受的感覺。記得頭皮按摩的美妙滋味嗎？你對她的頭部也應該採取同樣的動作。你們應該找一天你不必出門，她也不怕把頭髮弄亂的晚上來幫她按摩。

你可以用手指或者梳子輕柔平順地梳過她的秀髮。如果你曾經

梳過女兒或姊妹的頭髮，有了經驗會更有優勢。雖然你可以直直地往下梳理，但也可以有些變化，比如 J 字形的梳理，也就是直直地梳過她的頭髮，在尾端的時候再稍微往上。要記得整個頭部都要梳理，不是只有頭部後方。你可以請她梳理你的頭髮，來示範她喜歡怎樣的梳理方式。同時觀察她怎樣變化梳理的方式、位置和強度。

小祕訣

- ↝ 輕柔地玩弄她脖子基部的頭髮，撩起她的頭髮，親吻頭髮下方。
- ↝ 讓她緊靠著你，讓她的頭皮感受到你溫暖的氣息；這感覺很微妙但卻扣人心弦。
- ↝ 如果你手臂搭著她的肩膀，那走路的時候可以玩弄她的頭髮。

露的祕密檔案

有一位理髮師，他很可能是電影《洗髮精》裡面華倫‧比提角色的原型，他說女人後頸的頭髮越多，陰毛也就越濃密。有些男人喜歡濃密的陰毛，有些則否，這都因人而異。

臉

對臉的愛撫是很輕柔很親密的舉動，而性感的關鍵就在於兩人之間眼神接觸的強度。但要注意她是否上了妝。如果她化了妝，請她卸妝，然後用你手掌背部或手指輕柔地沿著她的臉頰、下巴一直到頸部走。相信我，女人會記得你怎麼觸摸她的。

- 用你的指尖來勾勒出她的唇形。兩人都閉上眼睛，對著彼此做同樣的動作。
- 你的手指靠近她的嘴巴時，請她吸吮你的手指。興致勃勃的女士可以在你的手指上展現她舌頭還能做什麼，你也可以把這當作你舌頭移到他處前的序曲。
- 你們可以玩一種遊戲，兩人眼睛都閉起來，親吻對方嘴巴的某一側，如果你鼻子碰到就輸了。

耳朵

　　你可以以她愛撫你的方式來推論她喜歡你怎樣愛撫她，但是女人對愛撫耳朵的反應，正好說明了男女之間的差異。有一位來參加工作坊的男士說：「把舌頭放進我耳朵的女人可以讓我馬上勃起。」這很有道理，因為男人的耳朵會受到雄性激素的作用；換句話說，這些細胞會接受來自雄性激素的訊號，這就是男人耳朵長毛的原因。

　　對多數女人來說，舌頭放進她們耳朵就好像把頭放進洗衣機裡面一樣（但還是有一些女人喜歡這樣的感覺，不過絕對是少數）。我這裡討論的動作，是吸附著她的耳朵然後把舌頭放進去。你最好把溼潤的嘴巴用在她身體的其他部位，而不是這柔嫩的圓錐狀開口。如果你無法抗拒她的耳朵，那你最好用舌頭舔過她的耳朵外緣和耳垂後方，不然也可以吸吮她的耳垂。記得嘴巴要張大，讓呼吸不那麼直接且溫暖。

小祕訣

- 輕柔地呼吸。她想要知道你在她身旁，但你不會希望自己聽起來

像是龍捲風。

⇢ 要小心不要用力往她耳朵內吹氣；如果太過用力，這舉動雖然有
　點誘人的浪漫，卻不會讓她興奮。

⇢ 舔過以後再輕輕吹氣。這技巧可以帶來溼熱和冰涼交替的反差效
　果。你也可以在她乳頭、脖子兩旁或背部曲線上嘗試。

頸部和肩膀

　　這個地方的性感帶對女人來說很特別。如果方法正確，愛撫她
的頸部和肩膀可以讓她起雞皮疙瘩、全身顫抖。最好使用繞圈的波
浪動作，而不是上下移動。你的舌頭、嘴唇、手指和下巴都可以發
揮功效。她很可能會像貓咪一樣摩擦著你。她這裡的皮膚很敏感也
很薄弱，所以你不需要用太大的力道。一位女士說：「他開始愛撫我
脖子時，我可以感覺到腋下溫熱了起來。我不敢相信那麼小一塊地
方也可以讓我全身都有反應。我全身都會震顫。」

　　變化是生活的調味料，這句格言在此處非常適用。不要一直用
相同的動作。讓你的手指和手掌繼續往肩膀下愛撫。兩側都要愛
撫，不要偏廢，別忽略按摩治療師已經知道許多年的東西！

小祕訣

⇢ 女人從耳垂基部到頸部上方這區域是身體最敏感的地方之一。

⇢ 剛開始先輕柔地用手指來愛撫，再加進嘴唇和舌頭的動作，記得
　兩側都要愛撫。

⇢ 撩起她的頭髮，親吻她頸部後方，然後再往下到肩膀處。如果她
　穿無肩的衣服，那這動作會非常合適。

女人不希望男人直接往活動點進攻。相反的，你應該延遲抵達的時間。她們喜歡緩慢的積累。先注意比較少人注意的地方非常重要。

肚臍

有些女人喜歡男人把舌頭、手指或鼻子放在她的肚臍上，但有些女人則不喜歡。「我很喜歡他玩我的肚臍環，因為他的嘴巴很火熱。他說他喜歡我的這一面，我白天是主管，晚上就成了酒吧女郎。」另外一位三個小孩的媽則說：「絕對不行。任何東西往我肚臍戳都會讓我想要小便。」

從她陰毛上方各處到胸部之間的點，都可以用手指或大拇指以親柔繞圈（順時針）的方式來加以按摩。

她的肚臍是香檳或其他飲料的絕佳存放處。因為肚臍位於神經密集之處的正上方，對肚臍的關注也會延伸到那裡。

背部

她臀部曲線正上方的那塊區域，稱作薦部彎曲，對於壓力非常敏感。你用整個手部輕柔地對那地方施壓，會以一種你們兩個都覺得神祕的方式讓她感到興奮。愛撫她整個背部或用手指輕柔地勾勒出這區域，也是很有創意的舉動。正如一位女士所說：「這就是你呼吸熱烈，還有女人穿露背裝的原因。」

小祕訣

→ 有些女人會很自覺男人對這區域的關注，因為背部靠近臀部，所以要體貼一點。你可以跟她說你很享受觸摸這地方，如果她太過敏感，你可以專注在她身體前面就好。

→ 從她背部移動到她臀部，可以讓感覺由她的鼠蹊處移到陰部。

→ 讓她溼潤的方法之一，就是專注在她背部的淺凹處。跟她說你要做些什麼，然後把舌頭放到那裡去。

臀部

　　我們怎敢忽略女人身體中男人最仰慕的一部分呢？如我上面所說，很多女人在臀部暴露或成為關注焦點時，會過於敏感而覺得不自在。應該由你來表現出喜愛她臀部的樣子，並開口跟她說。來參加工作坊的一位女士說：「當我男友跟我說他喜歡觀看、碰觸、品嘗我的臀部時，我很驚訝。現在我比較自在了，我們週日讀報時，他會把臉放在我背部曲線上，臉頰放在我臀部曲線上。」

小祕訣

→ 如果她趴著，你可以把自己的胸膛靠往她的臀部，同時也撫摸著她的胸部。

→ 如果她喜歡肛交，你可以把她臀部兩瓣給輕輕展開來加強她的感覺；這會對她肛門加以刺激，並提醒她接下來會發生些什麼。

四肢

　　想想你可以發揮的空間有多大！腿、手臂、手腕、手掌！跟其他種類的愛撫一樣，記得要愛撫她的兩側，因為感官的平衡是很重

要的。愛撫她的四肢時，你可以用較大的力道，因為四肢的皮膚比較厚。最近我搭飛機，看到一對情人，女人靠在男人身上，快要睡著了。她的伴侶用手指輕柔地在她手部和手腕畫圈圈，從她臉上寧靜的微笑來判斷，她沉浸在幸福之中。男人看著她的畫面很美，他真的讓她覺得很棒。

小祕訣

⇢ 好好地愛撫她的四肢，讓她的神經末梢充滿活力，讓愉悅感散發到她的身體外圍。

⇢ 另外一個愛撫四肢的好處是，四肢是顯露在外的，你在公共場合也可以有很多樂趣！四肢也是施展漩渦技巧的適合之處（見本章後面）。

腳

在身體的這個區域，我向中國人取經，他們把腳當作是通往全身各處的入口。按摩女人雙腳的時候，有幾個重要事項要記得。你們兩人的姿勢應該很舒服，讓你可以輕鬆接近她的雙腳。你們可以坐在地板上，你坐在她前面雙腿之間，或者讓她的雙腿搭在你雙腿上，你可以看到她的腳趾。可以使用身體乳液讓你方便按摩，可以在膝蓋上放條毛巾，免得乳液滴到不該滴到的地方。

腳部按摩的主要目標，是要釋放那些讓小塊骨頭固定位置的小塊肌肉韌帶的張力。你的大拇指應該是腳部按摩的首選。最好用兩隻大拇指，以畫圈圈的方式從腳踝按摩到腳趾處，就像按摩師沿著脊椎往上一樣。不要用兩隻手從腳底板往腳趾用力擠壓，這種擠壓的動作會把腳上的小骨頭推擠在一起，造成疼痛。如果她接近月經

來潮，那她腳踝下方外側會非常脆弱。要輕柔一點，可以輕柔地將腳趾往上拉來釋放腳趾壓力。兩隻大拇指一起按摩她腳掌中央，兩隻大拇指用向外按壓的動作緊實地對腳球處按摩。用相同的方式按摩腳掌，從上到下。接著以繞圈圈的方式，用手掌跟來按摩她的腳後跟，然後拇指或食指和中指像膝蓋一樣彎曲，來施加較強烈的壓力。同樣的，也可以吸吮她的腳趾或其他牽涉到口腔的樂趣。

根據《香味感官》作者維勒莉・安・渥伍德所說，腳部有一些引發性慾的點，加以按壓時會帶給女性陰部的感覺。

➥ 用大拇指和手指按摩大腳趾。

➥ 按摩腳後跟背部到小腿的骨頭兩側約三吋處。

➥ 用繞圈圈的按摩方式按摩腳後跟末端、腳掌、中趾這連成一線的三個點。你也可以連接腳掌上的第四個點——腳橋內側。

根據反射療法的說法，按摩腳掌上這些點（n）的位置可以：

① 放鬆心情

②、⑬ 降低焦慮

③ 排除雜念

④ 降低頸部壓力

⑤ 減少眼睛壓力

⑥ 改善心情

⑦、⑨ 減少壓力

⑧ 呼吸規律

⑩、⑭ 減少緊張

⑪ 增加血液循環

⑫ 放鬆胃部肌肉

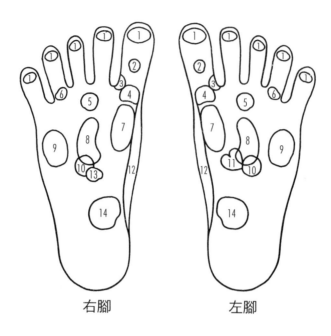

右腳　　　　　左腳

反射療法圖

胸部

　　有些女士喜歡被愛撫胸部，有些則不喜歡。有位來參加工作坊的女士說她真的不喜歡胸部受到按摩。她說：「我寧可泡冷水澡。」對她來說那真的很不舒服。可是有一些女人真的喜歡！她們喜歡胸部受到搖晃、吸吮、玩弄。有位來參加工作坊的外科醫師說他約會的對象喜歡別人咬她乳頭，在她的請求之下，他覺得自己就快要把乳頭給咬了下來。對某些人來說是種折磨的事，但可能對其他人來說是一種享受。

　　最好從胸部下方開始，然後輕柔地往乳頭方向移動。就跟其他地方一樣，女人希望你慢慢地往關注點活動，這也包括乳頭。直接

往乳頭進攻並無法讓女人有足夠的時間放鬆心情來享受這種感覺。提醒你，女人大多數都不喜歡情人對她們的乳頭硬撐。這就好像逆著毛摸貓一樣，你會激怒她的。同樣的，抓抓捏捏的技巧，還是留在蔬果店裡面施展就好。胸部可能形狀跟橘子差不多，但卻不會喜歡擠壓的考驗。同樣的，你應該實驗看看，看她喜歡怎樣的愛撫方式。你可以請她把手放在你的手上面，引導並告訴你她想要怎麼做。如果她不會尷尬，你也可以考慮觀看她自慰的方式。她是用手指挑動著乳頭，還是握住整個胸部呢？她會把胸部往上移動，還是讓雙乳靠在一起呢？

露的祕密檔案

有位醫師說去找他做乳腺造影的女人，經常都是因為丈夫或男友發現她們乳房上面有腫塊或奇怪的組織。所以好好注意女人的胸部，這是個關心她健康的良好機會。但最好每個月檢查的時間固定，因為荷爾蒙週期也會造成胸部的變化。

如果她受到刺激以後，能享受強烈的乳頭按壓，那你可以使用可調整張力的乳頭夾。如果沒有乳頭夾，那髮夾或曬衣夾也是个錯的替代品。

旋轉按摩和肉慾按摩

我已跟你介紹身體的性感帶了。這裡提供兩個方法讓你把所有的資訊結合在一起。**第一個方法稱作旋轉按摩**，是覆蓋她全身的輕柔愛撫。第二個方法我稱作肉慾按摩，其實動作一樣，但使用力道

較大而且同時使用雙手。

旋轉按摩

　　不管你聽說的是什麼相反的意見，要知道女人的皮膚她最大的性器官。因此，有皮膚的地方都可以成為性感帶，依你觸摸、愛撫、呵護的方法而定。這樣想吧，如果你在會議室裡跟一個你覺得很性感的女人坐在一起，如果你們手肘不經意地碰在一塊，你很可能會記住這一刻，對吧？在我的工作坊裡，我建議男人先看看這動作會帶給他們什麼樣的感覺。你可以先用大腿前側當作練習場（上面有沒有衣物都沒關係），從膝蓋到鼠蹊畫過一條線。先用指甲畫過，然後再改用手指，觀察其差異。然後再以不同的力道做相同的動作。接著立刻再以波浪狀畫過相同的地方，感覺到差異了嗎？感覺會很不同，是因為直線畫過時，這些微細神經知道會有什麼感覺，而波浪狀畫過，則會讓這些微細神經充滿期待並希望接著就輪到自己。正如很多男女注意到的，你可以在任何地方用簡單的手部動作來這樣做。

　　你也可以把旋轉按摩當作是過渡到作用點的動作。你的手指可以讓她因為你而呻吟。旋轉按摩的另一個特徵是這可以在公共場所進行，而不會因為過度興奮讓你或她感到尷尬。

肉慾按摩

　　肉慾按摩是個完整的世界，有許多書籍專門講述這個主題。我會提供一些重點讓你知道。這些技巧不需要太多準備或學習，而且都遵循一個簡單的前提，那就是用心。

　　使用雙手，輕柔但平穩地對她身體各處施加壓力。我認為從頭

部開始，往腳的方向動是最好的，但不包括她的胸部和陰部，也就是所謂的作用點。這些地方太過敏感，可能會引起過量的性愛張力，造成不適，而降低按摩的效果。

你施壓的程度要隨著她敏感程度的不同而變化。以下是一些重要訣竅：

⇢ 一定要平衡你的動作，對某側做的動作，也要重複對另外一側做。

⇢ 使用乳液或按摩油，讓你的手可以輕鬆地在她的皮膚上移動。有需要的話多塗一點沒關係。

⇢ 把乳液或油倒進手裡，雙手摩擦。這樣可以避免用冰冷的手觸碰到她。

⇢ 用毛巾或被單覆蓋在她身上你沒碰觸的地方，並讓房間保持溫暖。

⇢ 選擇能安穩人心的音樂。

挑逗她

親吻她、愛撫她之後，你已準備好將她推到瘋狂的邊緣。帶有明確目的和方向（比如讓她如癡如醉）來微妙地挑逗她，是完全正當的。我收集了一些來自和千百位女性談過而得到的資訊，這些資訊都是為了我之前幾本給女性看的書、還有這本書而準備的，適合給想要熟練挑逗藝術的你參考。畢竟，本書的目標，就是想把極致的樂趣帶給你和她。**挑逗的力量，在於她的身體和心靈之間神祕的互動。**以下提供一些挑逗的樂趣：

一、可以一起編造出性幻想的情節。你寫出一句或一段話，她接著寫另外一句或一段話。

二、你可以跟她分享以她為女主角的性幻想。如果你害怕性幻想內

容太誠實會嚇到她，那麼你可以稍加編輯，試試看她的感覺和反應。

三、工作時打電話給她，告訴她今晚想對她做些什麼。

四、留言給她，描述你想對她做什麼，或在語音信箱中朗讀色情文學的段落。

五、晚餐是很迷人的儀式，可以用來積累你們之間的張力。有位女士分享了她丈夫在公共場所前戲的風格：「那時候我的手腕剛動過手術。我們出去晚餐，我非常無助，這種無助感是以前不曾有過的。突然之間，看著菜單的丈夫出現了那種眼神，他說他想幫我點餐並餵我用餐。所以侍者回來時，他幫我的情況編造了一個故事，點了菜，然後坐到我旁邊來，兩個人坐在 U 形軟沙發上。接下來的兩個小時很肉慾也很性感。他那麼關注我真的讓我很興奮，他幫我把食物切成適合小女孩吃的大小，真的很貼心。」如果在公開場合表露情感會讓你不自在，那你可以慢慢吃喝，品嘗每一口食物和飲料。相信我，如果你注意她，她也會注意你。

六、寄一張明信片給她，寫下她身體最讓你興奮的部位。

美妙前戲的檢查表

➹ 性高潮不是滿足感的唯一路徑；你們給對方帶來的感覺才是。

➹ 把潤滑液放在附近並加以使用，可以放在床邊桌上或是其他合適的地方。

➹ 要確保你的口氣清新。雖然這一點大家都知道，但還是要提醒你。

➹ 慢慢來，慢慢來，慢慢來。

- 要照顧她身體的每一個部位。把嘴巴和雙手用在各處，並記得使用旋轉按摩法。
- 使用你最有力的性器官，也就是大腦。要把她的身體當作全新的方式加以接近。每個人都可以說「早就試過了」然後表現出「早就試過了」的態度。但如果你換上全新的態度，她會分辨得出來。雖然你們彼此熟悉，但加上一些新鮮感會帶來全新的樂趣。你可以在心理上把她當作新的。
- 你想在她身上做的，可以自己先試試。
- 時常詢問她力道和速度適不適合，因為她的偏好可能隨時會變化。
- 注意鬍渣。男人可以用潤髮乳讓自己的鬍子變得柔軟容易親近。
- 如果在親密之前，你們之中有人吃了太辣或調味太重的食物，記得要跟對方分享味道。這祕訣來自一位有濃重匈牙利口音的優雅女士：「你們必須這樣做，才能讓彼此的化學反應混合在一起。」所以要記得跟她分享那份凱薩沙拉。

前戲，最後忠告

美妙的前戲，在於誘使她的身心興奮起來。現在是時候來介紹另外一種形式的前戲了。前戲這個詞似乎意味著前戲本身是不夠的，但相反的，對女人來說，親吻、愛撫和挑逗就很足夠了，它們常常是做愛裡讓人心滿意足的部分。下面兩章會介紹手愛和口愛，如果女人暖身的程度不夠，常常很難讓自己放得開。正如一位女士所說：「如果做愛的時候有足夠的時間好好享受，那就像是在外星球做愛一樣。」

第五章

雙手讓她爽

她的作用點

　　這章絕對能讓想成為完美情人的男人變得不同凡響。雖然我們討論過撫摸她性感帶來挑起她性慾的力量，我們還沒把焦點放在她的作用點上。談到這些技巧時，一位女士說：「可以請妳告訴我男性工作坊都在哪裡舉行嗎？這樣我就能在門邊，不小心把手帕掉到地上了。」她期待的不是你幫她撿起手帕，雖然那是不錯的搭訕手法。這位女士期待的是懂性愛的男人，他有足夠的自信去了解、學習認識更多不懂的東西。

　　毫無疑問：女人大多數都喜歡生殖器被撫摸。就像你喜歡愛撫、依偎，甚至受到擠壓一樣，當你的手掌和手指注意她們時，也會讓她們非常興奮。

　　一般來說，女人享受、有時候並依靠情人對她們生殖器的撫摸來讓自己溼潤，並準備好接受進入或達到高潮。你會學到一些技巧和方法，讓她更舒服，尤其是在她也不確定那是什麼的時候，詢問她想要什麼。我們女人在男人問我們想要什麼時，會心懷感激，但有時候，我們自己也不確定。一位來自聖地牙哥的工作坊參與者，

約三十五歲，她說是她丈夫教她認識她自己的身體的，那時候她才剛從大學畢業。她在保守的天主教家庭出生，不能談論性愛，也從未想過要認識自己的身體，直到她丈夫撫摸她時，她才知道怎樣會讓身體愉悅。重點是女人需要你的參與，歡迎你的程度可能遠比你想像的還要大。

露的祕密檔案

根據《科學》雜誌的說法，身體技能需要六個小時的練習才能熟悉。所以在學習某項身體技能之後，比如高爾夫球的特定揮球姿勢或是特定的舔陰動作，需要六個小時才能讓資訊儲存在永久記憶之中。如果學習另外一項技能，就會打斷儲存過程，而讓本來學會的技能給消除掉。

對某些女人來說，你放在她陰部上的手和口比性交本身還要親密。她讓你接觸身體中最私密的部分，尤其她是位於接受者的位置，這會讓她覺得特別脆弱。很多女人受到文化的影響，習慣扮演給予者的角色而非接受者。有些男人跟我說，對男人來說很重要的一點，就是要認知到女人對於最親密的舉動可能要花些時間才能習慣。然而，如果碰觸陰部會讓女人不舒服，那就要尊重她的喜好和厭惡。

怎樣撫摸女人的陰部讓效果最好，有很多動作和想法可以選擇。有些女人喜歡你開始的時候輕柔地、稍稍地碰觸她的陰蒂。有些女人在還沒興奮的時候，不希望你接近她的「愛之蕾」。在光譜的另外一端，也有女人喜歡對陰蒂和陰蒂周圍直接緊實快速地加以刺

激。年紀較大的女士喜歡一種特定的重複輕巧刺激。同樣的，最好的指引者就是她本人。如果你知道她喜歡接受怎樣的口交方式，那你可以盡可能地用溼潤的手指來模仿口交動作。你的手指會產生不同的感覺，但你仍要訴諸記憶。一位來自西雅圖的音樂家說：「學會女人的喜好，就像學會完全不同的樂器一樣。你對甲樂器的和弦有實用知識，但這是乙樂器，需要練習、練習、不斷的練習才能感到自在，並知道自己在做什麼。」

開始

要用雙手和手指來挑逗她，讓她達到愉悅的最高峰，這種能力的關鍵，在於清楚知道要用什麼方式來撫摸她的什麼地方。無疑的，如果你不知道該往哪裡去，你就算抵達了該地也弄不清頭緒。所以要牢記在心，我已經提供你另外一項指引，讓你在荒野中不會感到茫然無措。我也提供了一些跟潤滑液有關的祕訣，這些線索不但可以運用在手部刺激上，也可以用在口交、肛交和陰道性交上。

在讓你的手指動工之前，拜託先把手洗乾淨，主要原因有兩個。首先，女人的陰部區域的黏膜組織非常嬌弱，其次，你手指上汗液的天然鹽分會讓陰部有灼熱感。相信我，如果發生這樣的狀況，她鐵定會不舒服。解決之道就是洗手並把肥皂沖乾淨（Purrel

之類的液體抗菌肥皂也跟肥皂一樣會刺痛）。如果沒有水可以洗手，就用溼紙巾。

要注意你的指甲。有位女士說：「天啊，他用指甲碰到我的時候，我接下來所想的就是他何時會再碰到我。我就再也沒辦法放輕鬆了。」這清楚說明在這種情況下修剪指甲的重要性。毫無疑問，修剪指甲是男士乾淨整潔、充滿自信的象徵。相信我，女士會觀察你的手指，並不只是市井傳說中手指和陰莖大小的關係，而是去想像你的手指放在她身上的感覺。如果她看到的是凹凸不平，牙齒咬過的指甲，你的吸引力就可能急速下降。沒有女人希望男人用骯髒的指甲去碰她的！

如果你手部粗糙，那就使用乳液。記得，女人的皮膚不像你一樣厚。而繭可能會刮傷她，靠在她的皮膚上也會太過粗糙。有位女士這樣跟我說：「我丈夫用雙手工作，他之前曾在撫摸我的時候刮傷我的皮膚。現在他知道足部按摩可以幫助我放鬆讓我有心情做愛，所以當我帶著乳液走進房間時，他就知道很可能會有好事發生了。我的腳也按摩了，他又大又粗糙的手也柔軟了，事情就接著發生。很棒吧？」

露的祕密檔案

如果想檢查自己的指甲是不是短到不足以刮傷她，那可以把手指像魚鉤一樣彎曲，並按摩你下排前牙的牙齦。如果你可以感覺到自己的指甲，那麼她也可以。你應該考慮把指甲修剪乾淨。記得，你的手指會碰到女人身體最敏感的地方。如果你的指甲讓她不舒服，她就不能好好享受。

她的外生殖器

　　我假定你已經熟悉這個區域的基本構造，但我想你應該會喜歡一些額外的資訊，讓你真的知道你在碰觸些什麼，知道女人喜歡你碰觸她哪裡，還有在某些情況下，知道要怎麼碰觸才能讓她享受最大的好處，讓你得到最佳效果。我老實說，男人在黑暗中隨意摸索的機會頗大的。而女人的身體有點神祕，對女人自己來說是這樣，對男人來說更是如此。男女生殖器最顯著的不同，就是男人的生殖器是外顯的，清清楚楚長在正前方中央，而女人生殖器最重要的部分，都要張開雙腿才能看到。我們說的還只是外生殖器，女人還有看不到的內生殖器。

露的祕密檔案

　　男人有千百個稱呼自己生殖器的名稱，不是每個都廣為人知。女人通常只有一個稱呼，那就是「下面那裡」。

　　儘管有這些差異，女人的生殖器在很多方面可以和男人的相對應。男胚胎是 XY，女胚胎是 XX，事實上，男女的胚胎在六到八個禮拜時沒有差異。在子宮內男女都先從女性特徵開始。在第八週的胚胎階段，雄性荷爾蒙睪固酮才開始產生。睪固酮讓潛在的陰唇變成陰囊，讓潛在的陰蒂變成陰莖。

外陰

　　女性外生殖器的整個區域，稱作外陰。陰阜是恥骨上面由脂肪

組織構成的柔軟隆起。陰阜由皮膚和陰毛覆蓋住。大陰唇，也稱外陰唇，從陰阜延伸到陰道開口下方。這兩側皮膚的縐褶包括了脂肪組織、汗腺、油脂腺和神經末梢。女人不興奮的時候，或者雙腿合攏時，兩片外陰唇常會靠在一起，並覆蓋住尿道和陰道口。小陰唇位於外陰唇內側，從陰蒂上方延伸到陰道開口下方。這兩片皮膚縐褶比較薄，沒有陰毛和脂肪組織，但跟外陰唇相較卻有更多的神經末梢。雖然稱作「內」陰唇，有時卻會突出到外陰唇之外。

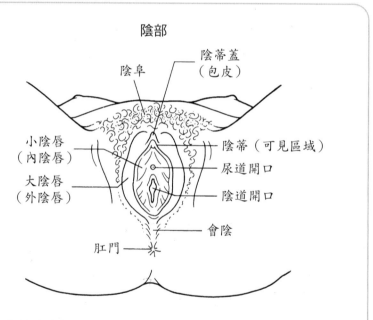

女人外陰的顏色因人而異（粉紅、紅色、紫色、黑色都很正常），興奮時可能會改變顏色。就像男人的生殖器大小形狀顏色各有差異一樣，大陰唇和小陰唇的大小形狀顏色，還有敏感度也因人而異。陰蒂位於內陰唇相連處的下方，由稱作陰蒂蓋（跟未割過包

皮的男人包皮相對應）的小片皮膚縐褶所覆蓋。那是小巧敏感的區域，位於外陰上端，由組織、血管、神經所構成。由皮膚所蓋住，肉眼看起來就像細小斑點，但事實上陰蒂大部分構造都在體內，而非體外。海倫・歐康乃爾博士是澳洲皇家墨爾本醫院的泌尿外科醫師，根據她的研究：「陰蒂的外端跟內部金字塔形狀的勃起組織構造相連，那構造比過去所描述的還大。陰蒂體部跟頭部相連，跟大拇指第一個關節的大小差不多。它有長達九公分的雙臂（或稱作陰蒂腳），向後展開進入身體裡面，位於沿著大腿內側肌肉末端的上面幾公釐處。從陰蒂體延伸，填滿雙臂之間的，是兩個陰蒂球，在陰道腔的兩側各有一個。」

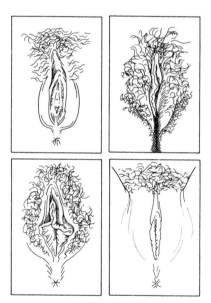

女性陰部的各種樣貌

有五成的女人內陰唇會往外超過外陰唇。

　　在性刺激時，骨盆區會充滿血液，陰蒂的頂端會脹大變硬。所以在你刺激這區域後，陰蒂會變得較難找到，因為變得較不明顯。跟陰莖一樣，陰蒂會充血、勃起、從陰蒂包皮下突出來。既然陰蒂腳位於陰唇下方，對尿道、陰道、肛門區域加以刺激都會間接刺激到陰蒂體。陰蒂腳分岔後向著兩側陰唇延伸，正解釋了為什麼有些女人使用按摩棒時，並不是由直接刺激陰蒂蓋而得到最大的愉悅。她們覺得這樣太強烈了。其實把按摩棒靠著陰唇，向外陰唇的脂肪組織按壓，就可以用較不強烈的震動作用到陰蒂的更大範圍。

陰蒂跟冰山一樣，大部分都隱藏在身體裡面。

　　在陰蒂的下方，是很小的尿道開口，尿道開口下方則是陰道開口。這兩個開口距離很近，所以很多女人在性愛之後會尿道感染也很好理解。感染是因為性交時摩擦和抽插的動作，讓新的不同細菌被帶到尿道。所以膀胱炎才有「蜜月病」的別稱。

　　在陰道開口處下方，陰唇相接的地方是一小塊平滑的區域，表面通常無毛，稱作會陰。會陰下方則是肛門。整個會陰區域對刺激很敏感，男女都一樣，那地方既不是陰部，也不是肛門。有一位工

作坊參與者建議，可以吸吮會陰或者用手指來按摩。有些女人喜歡
這種感覺！

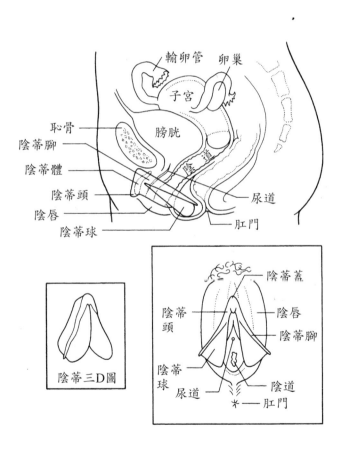

陰蒂

陰道

　　我們這樣開始吧，陰道是你看不到的，因為它位於女人體內。這可能會讓人困惑。正如我剛剛描述的，外陰和外陰唇是肉眼可見，但陰道卻不是。陰道會隨著女人興奮的階段不同，而改變大小和形狀。有人曾這樣跟我描述：「你可以想像自己把身體最美好的一部分放進溫暖潮溼又非常柔軟的皮革手套裡面。這些熱度、壓力、溼度加總在一起，會產生妙不可言的感覺。」

　　陰道剛開始的狀態是收縮的，而當女人受到刺激，不管是心理上的、視覺上的還是身體上的刺激時，她在三十秒內就會開始分泌潤滑液。不過就算她已經分泌潤滑液了，並不代表她就準備好可以被你的手指或陰莖進入了。其實女人放鬆的最大指標就是她的呼吸。呼吸越深沉，就代表她越放鬆。

在不興奮的狀態時，陰道是三到四寸的管狀物，這就是為什麼平均五寸的勃起陰莖對多數女人來說就已經足夠。陰道由肌肉構成，內部表面有小縐褶所以會凹凸不平，內壁有黏膜組織覆蓋，跟口腔內壁很類似。這就是會分泌陰道潤滑液的表面。除非女人有性慾，不然陰道壁都會貼在一起。曾放置過衛生棉條的女人都知道，那比她有性慾而陰莖在體內時的感覺還要緊。女人興奮時，陰道壁會產生黏滑的液體，陰道壁會像氣球一樣張開以方便陰莖進入，而且當進入生產時，陰道壁可以繼續往外側延展。

女人陰道的緊度，和陰道開口處的恥尾肌的緊度有關（陰道的其他部分則會延展來容納陰莖）。陰道分泌物的外觀和質感，在整個生殖週期的不同階段都有變化，因為陰道內的條件會隨著荷爾蒙含量的不同而改變。這就解釋了女人排出物和天然潤滑液為什麼會變化。停經期和停經後的女人的潤滑液也會有不同。

還有其他因素會影響女人的自我潤滑能力，例如會讓身體脫水的酒精和藥物。一般來說，女人的陰道是身體內能做自我保養和自我清潔的區域。精液會自然流出陰道，如果經常洗澡並清洗陰唇區，那就幾乎不需要其他保養。除非醫師建議，否則沒必要特別清洗陰道內部。清洗陰道內部不但多此一舉，還會造成傷害，也是美國女性膀胱感染和陰道感染的最主要原因。一位婦產科醫師說得好：「清洗陰道內部的女人幫我付了貸款。」

G 點

G 點是由婦科醫師恩斯特・格拉芬柏所發現，但卻是約翰・培里博士和比佛利・惠普博士將其命名為 G 點以紀念格拉芬柏。G 點也是女人身體構造中肉眼看不到的地方，位於圍繞尿道的陰道壁上

面的組織，在腹側。G 點由柔軟有縐褶的組織構成，在未受到刺激時約如十分硬幣大小，受到刺激時會脹大到約二十五分硬幣的大小。

露的祕密檔案

一位男士這樣描述 G 點：「有時候感覺像菜豆，有時候感覺像豌豆。剛開始時很平滑，後來就有質地了。」

有些女人可以經由直接刺激 G 點來達到高潮，也可能會導致射出現象，我將於第八章介紹女性高潮時再著墨。女性射出的來源是尿道旁腺，位於尿道兩側，所以有些人會把射出液體誤以為是尿液。尿道旁腺就像唾腺一樣，受到刺激時會噴射或釋放液體。女人都有尿道海綿組織或 G 點，但不是每個人對刺激的反應都一樣。有些女人覺得 G 點的感覺跟陰道其他地方沒什麼兩樣；對其他女人來說，刺激這個十分硬幣大小的組織會讓她們爽翻天。同樣的，困難之處在於找到 G 點。我認識一位性愛治療師，她甚至連找自己的 G 點都有困難，雖然她對自己的身體很自在，也認識身體各處。但她需要她的伴侶告訴她才知道那到底在哪兒。事實上，在某些情況下，G 點就像聖杯一樣難找，但如果你有耐心又夠敏感，我相信你可以找到你伴侶的 G 點。

露的祕密檔案

使用水性潤滑液時，有個小祕訣要記住。可以加幾滴水來恢復作用。如果你覺得潤滑液因為水分蒸發而變得太黏稠，那加上幾滴水就可以恢復潤滑效果。在床邊放上一杯水的理由不只一個。

潤滑液

潤滑液是人類最偉大的發明之一，你應該滿心歡喜地加以使用。有一位貸款經紀人說：「我沒想過那麼小的瓶子卻能帶來那麼多的樂趣。」有時候男女雙方都害羞不太敢用潤滑液，就好像這種滑溜的神奇玩意正意味著他們性能力的不足。有位男人在他女友來參加我的工作坊之後，打電話過來問我為什麼他女友需要「那種東西」。我知道他想問的是：「我還需要做些什麼來讓她夠興奮呢？」我是這樣回答的：「影響女人分泌的能力有很多因素，而性興奮只是其中一種因素罷了。」

露的祕密檔案

女人在睡覺時會分泌潤滑液，這是快速動眼期的特徵之一。

女人陰部的黏膜組織是體內最脆弱的組織之一，就算當你開始刺激她時，它已充分溼潤，但一旦這地方暴露在空氣中或跟保險套接觸，就很容易變乾燥。所以有可能她雖充分興奮卻仍然乾燥。如果動作持續，她就會開始有拉扯的感覺，我跟你保證，那感覺真的不好受。對有些女人來說，就算她們已極度興奮，也不一定能恰到好處地潤滑。這種生理事實更說明潤滑液的重要。就像我上面提到的，女人的生理結構各有不同，潤滑的程度也因人而異。

使用潤滑液的祕訣

➡ 手愛的時候，在手指之間滴一些潤滑液，手擺出三叉戟的樣子

（用三根手指）。這樣有效果的原因有兩個：一、潤滑液會經過你的手而變溫暖；二、從溫暖的手指到滑溜的手掌，這樣的感覺轉變很棒。

➡ 如果你用唾液來潤滑你的手指，而且你剛喝了葡萄酒或啤酒，要記得酒精是天然的去溼劑，那會讓你的口腔乾燥，你可能不會像平常一樣分泌那麼多的唾液。這時候口腔就像沙漠一樣，那可就真是糟糕啊！

➡ 如果把油放入女人體內可能會造成陰道感染。

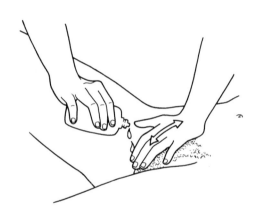

塗抹潤滑液的方法

潤滑液選購

男人大多數不像女人一樣喜歡購物。就我的理解，男人不想浪費時間在藥局走道或情趣商店裡，只為從大量的產品中挑選潤滑液。以下我列舉幾個不錯的潤滑液，記住，那不僅能讓她愉悅，對

你也有好處。雖然是她享受潤滑液的使用，但你卻能收割成果。

　　有很多產品可以選擇，包括水性的、油性的、加味的、無味的、好聞的、有顏色的、清澈的、液狀的、膠狀的。真的讓人眼花撩亂。我拜託我的學員去調查哪些潤滑液摸起來、嘗起來感覺最好。我們的努力成果列在下面，雖然這並不是試過全部產品後所得到的完整清單。

露的祕密檔案

女人大多喜歡無色的潤滑液，避免弄髒床單或其他東西。

最受歡迎的潤滑液

　　這不是完整清單，但你可以把它當作是一般指引來使用。（＊代表產品無色）

- Astroglide＊。這家公司使用「僅次於大自然」來當作標語，我們的學員也同意這是最接近天然潤滑液的產品。Astroglide是最受歡迎、也最常見的水性潤滑液品牌，稍帶點甜味，沒有顏色。你可以在一般藥局和很多超市買得到。對於想讓做愛更加舒服，但卻不想有不自然感覺的人，Astroglide潤滑液是不錯的選擇。

- Sensura/Sex Grease＊。這對很多行家來說是水性潤滑液的選擇，它清澈濃稠，柔滑的質感可以維持很長的時間。這個產品有兩種包裝，用不同的名稱來行銷。女用的稱作Sensura，粉紅色瓶裝。男用的稱作Sex Grease，黑色瓶裝。這產品比Astroglide更適合做愛使用，因為質感較為濃稠、柔滑。

- Midnite Fire＊。這產品容器較小，有個可扣住瓶身的上蓋。有

位參加我工作坊的女士告訴我，每當她丈夫希望她回家快速打一炮時，他只需要打電話給她，在電話中把 Midnite Fire 的蓋子打開。「不管我是在書桌前或是車子裡面講電話，只要我聽到那蓋子的聲音，我馬上就溼了。」我還需要多說些什麼嗎？

　　Midnite Fire 幾乎保證可以帶給你許多樂趣，它味道多樣，稍微按摩後潤滑液就變得溫熱，如果你在按摩後吹氣就會更加溫熱。但別擔心，因為熱度只會累積到某個程度，所以沒有灼傷的危險。是你吹氣時排放的二氧化碳讓那溫度升高。Midnite Fire 是水性潤滑液，體外和體內使用都很安全。雖然標示為「熱感按摩乳液」，但因太濃稠，如果不添加水或其他清澈的水性潤滑液，就很難用來直接按摩。如果用在乳頭或大腿內側會特別的讓人性慾高漲。但如果女士有容易受感染的體質，那最好在狂野之前先試用過。這種潤滑液用在龜頭和陰囊上的評價特別好。

露的祕密檔案

　　市面上有些潤滑液標明為「身體滑液」。Eros、Venus Millennium、Platinum 都是矽膠做成的新產品，沒有保護功能，也不是水性的。有些甚至在標籤上註明「易燃」或「只限外用」。這些東西不但不實用，如果被人體吸收還可能有危險。

👉 Embrace。口味和觸感都很好，跟 Sensura 一樣濃稠柔滑，但對某些人來說味道更佳。對於希望潤滑液固定住位置而不要往低處流的人來說，這是最棒的選擇。產品有無味的（稍微有點甜味）、草莓口味和檸檬冰沙口味。

➼ Liquid Silk。液體絲這名字就描述了一切。這種滑膩、英國製的水性潤滑液是一壓就出的泵瓶包裝，不含甘油成分，所以不會黏黏的，因此也是學員的最愛。對於手部技巧和性交來說都很適用。但缺點是有些微的苦味，所以不太適合口交時使用。

➼ Maximus *。這是 Liquid Silk 的清澈版本。包裝是透明的塑膠泵瓶，也是很多人的最愛。

露的祕密檔案

不要把按摩油或含糖類成分的東西如水果放入你伴侶體內。這些東西會改變陰道內的酸鹼平衡，造成陰道感染。

選擇潤滑液的祕訣

➼ 要知道你和你的伴侶對新的潤滑液有多敏感。有些女人非常敏感，在使用其他種類衛生紙或肥皂時就會有膀胱和陰道感染。

➼ 要記得油和橡膠不能一起使用。任何形式的油都是橡膠保險套的大敵，經常會造成破裂。檢查一下你所使用的產品標籤，比如手部乳液或按摩乳液。如果提到含有油的成分，那就不應該作為潤滑液跟保險套一起使用。這些潤滑液可用來手愛，但如果你打算接下來戴上保險套做愛，那要確保自己使用的是水性潤滑液。

➼ 記得一定要閱讀產品標示。大字體的標示常會誤導消費者。如果你在成分中看到「油」這個字出現，那很有可能這產品就不是水性的。

➼ 如果你太過敏感或容易發炎，那要小心名為壬苯醇醚 -9 的殺精劑。如同我在第二章討論過的，它對男女雙方來說都會造成困

擾。這是美國國內唯一的殺精劑產品，是避孕泡沫、避孕膠凍、避孕栓劑、避孕軟膜和保險套的活性成分。要知道你把什麼東西塗抹或放進你和她的體內。

➡ 要確保產品適用於生殖器上。通常包裝上的小字會註明「適合局部或化妝使用」或「避免接觸眼睛」。另外，壬苯醇醚 -9 在一九二〇年代引進美國時，是用來當醫院清潔劑，也就是洗滌劑。你能想像拿洗滌劑來按摩女人的那裡嗎？這樣只會帶來疼痛，而非樂趣。

➡ 要記得女人比男人更容易感染或發炎。她是接受的一方，而你選擇的產品通常會留在她體內。

消費者應該對生產不良產品的製造商做出反應，讓他們的損益表難看。如果你讀了這本書，就應該讀他們的標示。如果瓶身後面的蠅頭小字寫著「只適合局部化妝使用」，意思是什麼？如果寫的是「只適合外用」又是什麼意思？嗯，我讓你自己做決定吧！製造商以為他們可以使用壬苯醇醚 -9 和矽膠之類的危險產品而不受到懲罰，這可是會導致過敏反應和發炎的呀！讓他們停止製造危險產品的唯一方法，就是消費者不再購買。

體位

手愛有四種主要體位，每種體位都有最適合的動作。就跟任何新觀念或新技巧一樣，使用下面的建議來增進你已在做的事。你可以參考圖示，來讓你和她得到最大益處。跟舞步一樣，在你沒有親眼看到舞步示範之前，很難想像要怎麼動作。使用這些體位可以讓男人維持良好的身體接觸，這是關鍵。

　　所有的動作，都先從大動作開始，然後再使用較小、較集中的動作，而節奏要從慢到快。如果動作太快或者太用力，可能會讓她麻痺或弄傷她。多數女人沒有準備好一開始就接受那麼強的力道。你要慢慢累積強度。

經典：體位一和體位五

　　這些可能是用手來刺激女士最容易也最簡單的體位，但同時也是最容易產生壞習慣的體位。一位來參加工作坊的女士說：「如果他在我陰蒂正上方的位置再多停留一秒鐘，我想我會殺了他。」另外一位女士補充說：「到底是誰教男人找到陰蒂以後就猛烈按摩的？」

　　這些受歡迎的體位會有那麼多壞習慣產生的原因之一，就是色情產業提供給男人的一堆影片和雜誌。他們的目標是賣錢，他們想的可不是你個人的樂趣，也不是怎樣取悅女人。他們專注在動作上面，而不論這些動作是否有效。在現實生活中，太早對陰蒂按摩得太猛烈幾乎能保證會讓你的伴侶不爽快，而非樂在其中。

　　好消息是你可以很容易就學會取悅你伴侶的方法，只要調整手掌和手指的動作、你的節奏、施壓的程度就行了。在使用潤滑液或以唾液來潤溼後，你可以用你的手指或整個手掌把潤滑液塗均勻，並用範圍較大的整體動作來為這個區域做暖身。你最好一開始先大範圍加以按摩，等感覺提升以後再縮減受刺激的區域範圍。

　　使用這兩種體位時，可以把手掌跟和手腕放在她陰阜上面，也就是陰毛開始生長的區域，然後輕柔地施加壓力。你的手腕基部應

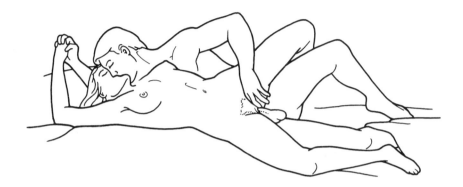

體位一

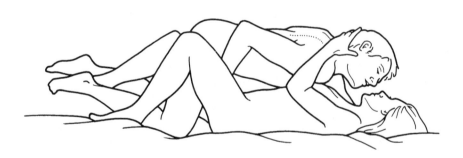

體位五

該可以感受到恥骨。這樣可以幫助你穩定手腕和手臂。換句話說，如果手腕和手掌懸空，會讓你很快就感到疲憊，並影響手指的整體細微動作。你的手腕固定住時，你就可以使用更多輕柔地繞圈和前後移動，這兩種是女人喜愛的動作。

這些體位也最適合親嘴，讓兩人依偎在一起。你也可以讓陰蒂頂端放在你的食指和中指之間，做出上下移動或者繞圈的動作。女人通常用這種技巧來自慰。你也可以用你的手掌。

如果你的陰莖在她體內時一面愛撫著她，可以做凱格爾運動來對恥尾肌使力讓陰莖挺舉起來。有位女士評論道：「他從後面進來時做了陰莖挺舉這個動作，感覺真的很棒。那動作把我撐開讓他在我體內充滿著。」一位男性學員注意到「女人大多數對這動作的反應就是讓裡面更緊，而此時男人的手指可前後移動著」。

三根手指

如果你在她後面或者在她上面，這動作的效果最好。一開始時，你三隻手指併攏彎曲，覆蓋在外陰唇和內陰唇上面。把食指和無名指放在外陰唇的兩側，把中指放在陰蒂隆起處（步驟一）。剛開始先用三根手指的好處，就是不會直接進攻陰蒂而嚇到她。相反的，你在陰蒂周圍逐漸培養感覺。而且因為你的手掌擋住了氣流，你的伴侶就更能直接感受到你手的熱度，也會更加溼潤。

接著維持著慢慢地上下或繞圈的動作（如果你需要移動手指的靈感，可以拿字母來參考）。然後再巧妙地把中指滑進去她的陰道裡（步驟二）。最後，食指和中指一起，在陰蒂脊上做出短距離的前後移動（步驟三），可以稍微擠壓或往上下拍動。

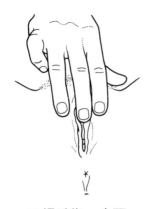

三根手指，步驟一

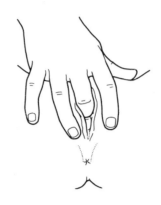

三根手指，步驟二

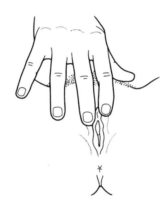

三根手指，步驟三

體位二

　　這適合喜歡女人屁股的男性使用。有一位行銷主管說：「我喜歡她臀部渾圓的感覺，也喜歡可以一面挑逗她一面聞她的性感味道。」這個體位可以很方便接觸她的胸部。使用這體位時，男人可以更有效地使用拇指，插進陰道裡面做出繞圈的動作。因為拇指比其他手

指更有力，所以適合用來長時間地施加刺激。這體位也很適合用來探索 G 點。你可以彎曲食指和中指對她陰道的前壁加以按壓。這樣 G 點可以更清楚地摸到，她也會變得更興奮。如果妳伴侶喜歡被玩弄肛門，這體位也很適合。

就算你還沒往那小塊區域進攻，你也可以愛撫她的大腿後側、膝蓋後側還有腰部後面，來增加她的感覺。一開始手掌和手指可以攤平，以便按摩大塊區域。然後你可以轉用手指的動作來縮小刺激的區域範圍。如果她喜歡，你可以再縮小範圍到陰蒂脊和陰蒂瓣上面。很多男人都說把彎曲的食指和中指靠在一起可以有最大功效，此時陰蒂脊被兩隻手指夾在中間。然後記得要充分利用你空出的那隻手來撫摸她身體的各處。

體位二

體位三

這體位的美妙之處，在於男女之間可以親密接觸，讓她跟你的身體交融在一起。這體位適合喜歡觀賞並講話的人。使用這個體位時有很多技巧可以選擇；但很顯然的，只要把你和你的伴侶最喜歡

的動作加進去就行了。

體位三

光明節陀螺（也稱作小型點火器）

　　這是會讓她真心欣賞你靈巧的動作。就如同歷年來猶太小孩在光明節做的一樣，你用大拇指模仿這種旋轉的動作，來讓妳的伴侶享受極致喜悅。在拇指和食指上抹一些潤滑液，輕柔地轉動。記得剛開始的時候施壓要輕柔。這動作特別適合陰蒂較大的女人。跟其他動作一樣，要先問清楚她是不是想要嘗試。

雙重責任

　　這是體位三的變化，男人的雙臂分別位於女人的兩側。他可以用力、向上按壓，先從大腿內側開始，然後往陰部前進。這動作的概念，是讓她放鬆，讓她跟你的身體交融在一起。如同一位女士所說：「我們這麼做的時候，我覺得很安全，雖然我完全暴露出來了。」你可以經由對她的陰部和骨盆區按摩來積累多一點感覺。

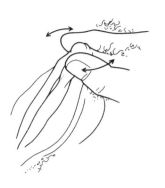

光明節陀螺

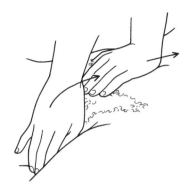

雙重責任

舞池繞場

　　這動作需要沿著陰蒂和陰唇周圍輕柔地繞圈。剛開始先沿著她陰部的輪廓撫摸，然後再輕柔地稍拉起她陰唇做同樣的動作。拉起的動作可以巧妙地提高張力、積累感覺，因為延展的皮膚感覺通常會更好。有時候有些伴侶會使用冰塊。剛開始最好謹慎一點，把冰塊放在陰部外側十到二十分鐘就好。有位女士說：「我丈夫試過一次，我幾乎要跳到天花板上了。真的很冰，可是等到他用嘴巴幫我服務時，那火熱程度真的前所未有。溫度的差異才會帶來那麼棒的感受。」一位參加工作坊的男性評論說冰塊「非常有效，會鼓勵你慢慢來」。但有些女士不喜歡這種冰冷的感覺，所以不要嚇著她。

舞池繞場

Y 形結

　　用一隻手的兩根手指把陰唇翻開，另外一隻手放在上面，用中指或兩根手指以繞圈或上下移動的方式來按摩陰蒂。這種動作很不錯，因為不會讓你的雙手太累。而且你雙手放在她身上會有種厚實的感覺，而不僅僅是一根手指。你也可以覆蓋較大範圍的區域。你可能會想試著從上面往下，把一根或兩根手指放進去以後，彎曲手指不斷地進出陰道。

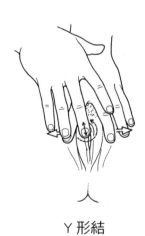

Y 形結

體位四

　　有時候女士會想享受「自己來」的感覺，那這體位就特別理想。有些伴侶喜歡把腳放在肩膀上，讓她專注在你行動的同時，兩人也可保持親密接觸。這體位也提供不錯的視野，如果你在較低處，背部也會比較舒服，你可以考慮把枕頭放在樓梯上來方便行事。如果女人覺得太涼爽，肚子可以蓋上被子。

體位四

　　露的祕密檔案

　　手部最好的動作是搖晃和繞圈。有些女人，但不多，希望對陰蒂的輕輕拍打。你嘗試之前一定要先問過她。

世界是你的牡蠣

　　這動作最適合體位四，原因有兩個：一、你的活動範圍較大；二、當她專注在你的行動時，你也可以專注在她身上。你可以碰觸她整個陰部，就好像是柔軟細緻的黏土一樣，你正在最後的塑形階段。準備好潤滑液，因為這體位和動作會需要她張很開。這裡也要注意指甲不可留長。感覺的慢慢積累會讓她酥茫。

世界是你的牡蠣

雕塑家

　　這動作在動靜兩種位置中轉換，靜的時候你固定在某處，動的時候你改變手的方向。參加工作坊的女人把這兩種位置都稱作是「帶我回家」的動作。

　　靜體位：你的手重現一個大 C 的形狀。你定位大拇指的時候，可以想像你伴侶外陰上面有個時鐘，把大拇指從六點鐘方向進入，在十二點鐘的方向把大拇指彎曲起來。有幾個重要事項要記得：一、用你的大拇指和食指之間的網狀構造和你食指的內關節，你可以使用 C 形動作畫弧，這樣能引發出感覺；二、大拇指內側可以

往肚臍方向朝上對陰道上壁的 G 點施加壓力，這種感覺可以進一步加強，只要用另外一隻手在她腹部陰毛區向下按壓。透過腹部，你的大拇指側邊仍能感受到這輕微的壓力。在使用畫弧的 C 形動作之後，可以試著把手指的 C 形給延展開來，把壓力放在陰阜區。很多女人喜歡在受到刺激時的壓力。

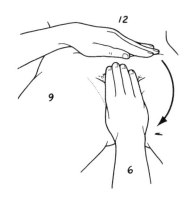 

雕塑家，C 形畫弧　　　　　　雕塑家，靜體位：大 C

　　動體位：使用動體位時，你的大拇指從十二點鐘方向開始，移動到她內部時鐘的各處（十二點方向到六點方向）。等你到達六點鐘方向時，改變姿勢，把食指和中指插進去來完成六點鐘到十二點鐘的部分，完整移動一圈。用你空下來的手對她腹部皮膚施加延展的壓力，還有往肚臍方向向上施力，來增加感覺。

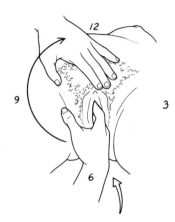

雕塑家，動體位：六點鐘之後

露的祕密檔案

　　「用手指幹」可能感覺會像「用棍子戳」，除非你動作輕柔並在刺激其他地方的情況下，同時直接刺激著 G 點，不然就是她已經受到足夠刺激了。

G 男人

　　G 男人也有兩種手部放置的變化，A 和 B。

　　體位 A：把食指和中指插入，擺出召喚手勢來對著 G 點按壓。要記得 G 點位於陰道壁上面，你可以壓著腹部來增加她的感覺。

　　體位 B：很重要的是要記得你放在上面的手，並不是只施加壓力。記住這些關鍵：用你的中指或拇指刺激她的陰蒂區，另外一隻手的手指，撫摸著她的 G 點，上面那隻手的手掌跟則維持著壓力和刺激。

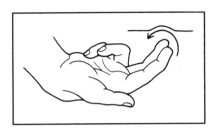

召喚手勢

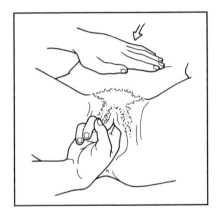

G 男人體位 A

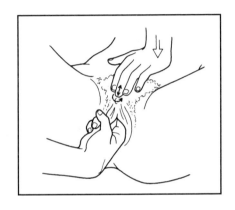

G 男人體位 B

青蛙王子

　　記得你上過的游泳課嗎？你可以用食指和中指在她體內做出蛙式動作。你的手掌可以呈垂直或水平方向。這個動作背後的概念，是女人陰道壁各處的敏感度不同。狐步舞可以和青蛙王子一起混合著做。在這次動作中，你的兩根手指像狐步舞一樣進進出出她的體內，這樣你就能觸摸她陰道兩側了。

撫摸她陰部時要注意的重點

➥ 手指不要像信鴿一樣一直回到原處。如果她稍微移動臀部，很有可能是因為她移到喜歡你碰她的地方，所以拜託不要再回到她把你手指移開的地方。

➥ 不要使用浸淫法，看起來就像這樣：吻、吻、吻（嘴唇）；扭、扭、扭（乳頭）；浸、浸、浸（雙腿之間）。對多數女人來說，這樣做不會讓她們放鬆也不會讓她們興奮。

➥ 把手指往她雙腿戳，並想著「唷，她準備好了」這種方式，會讓女人覺得自己像是操作步驟一樣。解決之道：注意她的呼吸。女人越放鬆，她的呼吸也會越深沉。呼吸的改變會讓你知道她內心的一部分已經融化了。

➥ 在心理或生理上受到刺激的三十秒內，女人陰道內就會開始分泌潤滑液。有些女人天生就能分泌大量潤滑液，這因人而異，而且會受到很多因素影響，比如：她水分是否充足、是否在服藥、位於月經週期的什麼階段，對停經女人來說也一樣。

➥ 要避免立刻往作用點上進攻，比如她的胸部和陰部。記住，皮膚是她的最大性器官，要充分利用這一點。在她的身體逗留久一點，使用你的漩渦技巧。

在手部刺激之後，有很多可能的發展，但很多女人都喜歡接著享受男人最親密的舉動：用舌頭親吻她下面。記住這一點，下一章會讓你知道舌頭可以帶來多美妙的喜悅。

第六章

舌頭的藝術：讓女人狂喜

提高溼潤度

　　跟身體的其他器官相比，你的舌頭可以創造出更多感官體驗。詢問大多數的女人，如果她們老實說，就會承認最讓她們熱情難耐、高潮迭起的，就是會好好使用舌頭的男人。如果男人可以幫女人好好口交，她就會心懷感激，甚至想要在工作坊裡與人分享這個喜悅。有位女士說：「我喜歡他在我雙腿之間，那感覺真的無與倫比。」另外一位女士說：「我不能清楚描述他做了什麼，但真的驚人！我知道他喜歡女人，他不在意花費多少時間。我必須承認，他的技巧真的可說是個傳奇。」

　　舌頭有種誘惑人的力量，有位廣告業主管的證詞可以說明：「口交那麼美妙的原因，就是不會讓我感到疼痛。當他在下面服侍我的時候，他的唇舌熱情又柔軟，撫慰人心和激動人心的效果兼具。」

　　還要我多說什麼嗎？女人對口交真的有反應。

　　你現在應該知道，我深信值得做的事情，就值得好好地做。所以這章所包含的資訊，不但可以讓你稱職地提供口交盛宴，還能讓女人看到你舔著自己的嘴唇時，就不支跪地難以自持。

我知道你可能不能舒服地面對這個主題，甚至可能會完全迴避這個主題。雖然你絕對有權利不做會讓你不舒服的事情，但我會指出一些你或你的伴侶難以敞開心胸、樂在口交的原因。但如果閱讀了這一整章以後，你還是不太情願幫她口交，那你也應該誠實以對。你可以用溫柔體貼的方式來解釋自己的感覺。但要記得，女人如果在這區塊遭到拒絕，她會特別脆弱。如果你不好好地應對，她可能會覺得問題出在她本身。也要記得，如果男人無法享受，女人可以感受得到，而女人最不希望的，就是逼你做你難以享受的事情。

　　有些女人沒辦法自在享受口交的原因，是她們覺得生殖器不乾淨，或覺得男人認為口交令他不愉快。我們可以感謝麥德遜大道和其客戶的迷人遺澤，是廣告商發明出沖洗陰部的需要並加強了對女人生殖器的負面羞恥的感覺。相反的，就如我之前提過的，健康女人的陰部是身體最能自我清潔和自我保養的區域。諷刺的是，女人陰部的問題最大來源就是性交。具體來說，黴菌、膀胱感染、性病都是因為外來物體（精液）入侵身體所造成的。前面幾章提過，女人也可能因為接觸壬苯醇醚 -9 而產生問題。有位這領域的頂尖專家說：「不性交的女人，陰道最為清新。」

　　但也有一些女士跟我說她們害怕陰部聞起來或嘗起來的味道不佳。女人如果乾淨沒有任何感染，那就不會有味道不佳的問題。但這種感覺個別差異非常大，說不定你就是不喜歡她的味道。不管怎樣，如果你好好注意她的味道，你可能會覺得那味道撩人心神，這一切都是費洛蒙作祟。就如同她受到男人體味所吸引一樣，你也會受到她味道的吸引。

　　以下列舉會改變你情人味道的因素：

❥ 維生素

- 藥物
- 飲食
- 她處於月經週期的哪個階段
- 感染
- 含水程度
- 辛辣或者調味嚴重的食物
- 酒精、藥物、菸草

露的祕密檔案

費洛蒙是動物和某些昆蟲之間傳遞訊息的方法。費洛蒙可能會對發展、繁衍、行為造成影響。

有些迷思認為口交不乾淨、不自然，你和你生命中的女人應該破除這些迷思，這很重要。有些男女仍有這種迷思，他們錯過了男女之間可以相互分享、給予的最大樂趣。如果口交不自然，那為什麼雄性動物都會用鼻子和嘴巴來接近雌性動物的生殖器官呢？你應該解除自己和她的防備。很可能你們就能在這個活動中發現無止盡的樂趣。

在我舉辦過的無數場工作坊中，女人跟我分享，說她們在伴侶用比較委婉動聽的說法來描述口交時，她們會覺得比較安全和躍躍欲試。很可能，在我們的文化中，用來描述女人身體的說法大多不帶敬意也不讓人愉快。

不是每個女人經由舔陰就都可以得到高潮，就像不是每個男人接受口交都能高潮一樣。

善於口交的男人大多是從女人那裡學來的，而不是從色情刊物或朋友那裡。為什麼？因為如果同先前所說，色情產業錯誤地把舔陰描繪成伸長舌頭往女人那方向擺放。通常舌頭根本離陰蒂還有一段距離。另外一個男人常跟我分享的問題，就是他們對女人的構造認識不清，覺得自己像是在黑暗中搜尋。這很容易理解，也是我在上一章放進陰部指引的另外一個理由。舉例來說，如果你知道陰蒂位於陰蒂蓋下，那你就知道要專注在哪裡，也知道為什麼陰蒂受到刺激時會脹大並舉起陰蒂蓋。

口交時最不得體的就是：直接舔。對多數女人來說，在剛開始階段對著陰蒂直接舔並不會有挑逗的效果。對有些女人來說，等到她們興奮的時候再舔，會頗享受。剛開始的時候最好把整個溫暖的嘴巴放在她上面，然後再稍微舔一下，然後再回到溫暖的整個嘴巴。有位參加工作坊的男士建議在往陰蒂進攻之前，可以用舌頭舔她的大腿外側，然後一路往上游移到恥骨處，這時你可以稍微多施加一點力量。

在直接舔的時候有三件事情一定會發生：一、你的舌頭乾掉。二、她乾掉。三、你乾燥的舌頭放在她的陰蒂上，這可是不會舒服的。有位女士說得好：「那些亂舔一通的人是怎麼了？他們為什麼離得那麼遠？他們害怕靠近一點嗎？他們喜歡怎麼讓女人舔，就該怎

麼舔女人。」她邊抱怨邊走出房間。

　　但還是有些錯誤的資訊鼓勵男人直接舔。《男性健康雜誌》的編輯最近出版了一本書，書中提到男人應該直接舔女人陰蒂，而不要用嘴唇碰觸她的陰唇。這真是大錯特錯！難怪男人受挫，女人失望！作者接著說，男人「不該用嘴唇讓她陰蒂窒息，免得她感官麻痺。」事實上剛好相反，如果只用舌頭碰觸陰蒂會不太舒服，應該以輕柔的吸吮和壓力施加在整個區域上。關鍵是要知道你情人的喜好（所以你必須詢問）。但她可能對自己的身體不夠熟悉，身為熱烈的情人，你也應該負起部分責任，幫她更了解自己的身體。

露的祕密檔案

　　很神奇，美國有二十三個州口交是違法的，華盛頓特區還有軍營也一樣。

保養和衛生

　　女人保養自己，讓自己美味可口的最好也最有效的方法，就是經常泡澡並清潔陰部。如果你擔心她不夠清新可口，也許你可以建議她一起沖個澡。有位來參加工作坊的女人跟我說她男友會把她安置在床上，緩緩幫她脫衣，慢慢的用溫熱的毛巾幫她清洗。等他清洗完以後，他們倆個都慾火焚身。她這樣解釋：「我覺得他就好像完全擁抱著我，這真的讓我熱情難耐。」

> 女人可能會意識到陰道受到感染的症狀。細菌性陰道炎（bacterial vaginosis）是陰道體內微生物自然平衡受到改變的情況。細菌性陰道炎的真正致病原因仍不明。女人意識到自己有症狀時，最常見的抱怨就是像魚腥味的惡臭。這味道在性交以後通常會更為強烈（黴菌感染通常沒有味道）。如果不處理，細菌性陰道炎可能會造成併發症，包括子宮頸抹片檢查異常和骨盆腔感染的風險增加，在孕婦中可能造成早產兒或者嬰兒體重不足。可以使用某些抗生素來治療細菌性陰道炎。

如果你用毛巾這種方法，記得不要用肥皂。肥皂的酸鹼度和女人身體的自然酸鹼度是不相符的。陰道維持在穩定的酸性環境，可以幫助對抗外來物質和感染源，而肥皂會打破這種平衡。女人天然潤滑液像檸檬般的酸味，來自於更酸的分泌物，乳酸。維生素也會改變她的味道（通常變得更糟）。既然我們談到了這個主題，如果你擔心不知道該怎麼跟你的伴侶說她聞起來或嘗起來的味道太過強烈，可以試著跟她說上次她嘗起來真的很棒，就在她吃完水果之類的食物之後。

露的祕密檔案

> 如果你的伴侶會刮陰毛，那口交和性交的時候要小心剛長出的陰毛，免得刮傷自己。

三角地帶爭論

　　有些男人喜歡濃密的陰毛。有位知名電視明星的妻子說：「如果我從來不刮腿毛、腋毛和陰毛，他會愛死了。但我還是喜歡除毛的感覺。」對其他男人來說，毛越少越好。你可能想知道現今的潮流，是仔細地對女人的陰毛修剪：一、光滑的陰唇；二、乾淨的股溝；三、小範圍的三角形或跑道形陰毛。有些女士在特殊的節日還會做特殊的除毛，情人節處理成心形、聖派翠克節剪成酢漿草形是兩個很鮮明的例子。但是這些陰毛設計需要有技巧的美容師來完成。有位來參加的女士跟我說，她有一次在特殊節日時在陰毛撒上金粉來跟內衣的顏色作搭配，一夜狂歡之後，她的男友隔天早上去打棒球。他走到球場時，隊員看著他問道：「你他媽的臉上都是些什麼？」沒錯，就是她的金粉。所以如果她撒了粉，到公共場合之前要記得照鏡子檢查一下啊！

露的祕密檔案

　　如果你擔心吃進她的陰毛，那可以先用手梳理過她的陰毛，她會把這動作當成是撫摸，而事實上在你梳理的同時也把鬆散的陰毛給移除了。

　　雖然我們的主題是女人的毛髮，但我想順便講一下男人的鬍子。確認在刮鬍子之後，你夠光滑以親近她。你可以用手腕內側來摸摸鬍子，尤其是下唇的下面，如果你有刮搔感，那她也會這樣覺得。有位皮膚特別敏感的女士告訴我，有一次她大腿內側留下了一

串疹子，哎呀！短鬍鬚或者山羊鬍最容易刮傷皮膚，所以長一點的毛髮通常比較好。

有一則從我工作坊聽來的軼事，可以很好地說明男人毛髮的重要性。三十五位男士來參加我的工作坊，其中三個留了鬍子，我問他們是否在口交前戲把鬍子當工具來使用（這些男人互不相識）。這三個男人害羞地看著對方後都笑了，三個人同時點頭。其中一個塊頭很大的男人一面摸著自己濃密的鬍子，一面說：「我還會用潤髮乳來保養自己的鬍子，讓鬍子又軟又舒服呢！」

同樣的，你還是得問清楚她到底喜歡什麼。

掀起陰蒂蓋

對於喜歡享受直接刺激陰蒂的女人來說，你需要掀起她的陰蒂包皮，也就是陰蒂蓋（跟男人的包皮類似）。下面是一些祕訣：

選擇一：用雙手的食指和中指，對大陰唇的內側施予往上的壓力，掀開整個區域。做這動作最適合的體位是古典（口交）體位、坐在我臉上體位、椅子治療體位。

選擇二：女人的雙腿呈現 V 字形，雙腳放在平坦表面上。你處於她雙腿之間，一隻手臂從她大腿底下包圍著她。把一隻手掌平放在她陰毛上，用朝她頭部施以扎實往上的力道。同樣的，這也會把所有東西往上移動，會有個繃緊開放的區域方便你的嘴巴活動。

選擇三：如果她不會覺得不舒服，請她把自己撐開。如果女人戴上那種一九五〇年代常見的白色棉手套，就更能固定住滑溜的皮膚表面。當然了，她可能覺得這動作很蠢，所以你們可以自己來決定是否採取這動作。

> 「她興奮的時候，我注意到她陰道內體溫的改變，而且潤滑液也大量分泌。我可以跟你講這對我造成的效果嗎？」

體位

在我描述最佳口交體位之前，先提出幾點注意事項。這是一些男人建議的練習舌頭技巧的好方法，我跟你分享。

一、吃冰淇淋甜筒。這樣想吧：舌頭向上的延長舔吸動作，跟你用在她身上的動作非常類似。至於比較細緻的動作，可以試著不用湯匙用舌頭把果凍或布丁挖出容器外面。

二、如果要強化鍛鍊你的舌頭（就如同琥碧‧戈柏在她喜劇表演中提到的），把一塊圈狀的硬糖果平放在嘴巴前方，可放在雙唇和牙齦之間，用牙齒輕輕咬住。使用舌頭的細微動作，從裡面把硬糖果給「吃」掉或溶掉。跟很棒的口交一樣，這動作需要時間、耐心還有強壯靈活的舌頭。

接著，我們就準備好開始介紹體位了。基本上有五種體位，每種體位還有些次體位或者主旋律的變奏曲。

古典體位

在以下的七張圖示中，你可以看到男人位於女人雙腿之間的標準體位，他的嘴巴接觸她的陰部。雖然這七種體位都屬於同一「家

族」，每個主旋律都有自己的變化。通常最好在她臀部和你胸部下面放上枕頭，這樣可以讓你的移動範圍變大，也可以調整她臀部的位置讓她張得更開。這樣也能避免你牙齒刮傷舌頭下方。

直接上（體位 A 和體位 B）：這兩種體位方便舌頭往上舔的動作，也便於將陰蒂蓋掀起。在 A 和 B 中，女人可以藉由張開大腿來調整陰部張開的程度。她也可以用雙手（也許可以戴上白手套）把外陰唇往上拉，方便伴侶活動。這兩個體位也可以同時加入「手部協助」（見本章〈助手〉小節），用大拇指來撫摸肛門或者把一兩根手指插入陰道內來增加對陰道開口底部的壓力。手指的動作應該緩慢，使用繞圈的動作。

T 形：對陰蒂某側比另外一側還要敏感的女人來說，這種舔吸法挺不錯的。男士可以讓較大範圍的舔吸和舌尖圍繞著陰蒂這兩種動作交替進行。

雙腿併攏：這適合剛開始的時候使用，如果女人的陰蒂超級敏感，無法忍受強烈的直接刺激，那這個方式通常也很合適。

腿放肩上：把她一隻腿放在你的肩膀上，稍微調整一下她臀部，你就可以接觸到正確的地點。女人說這體位讓兩人比較親密。同樣的，舌頭也用往上舔的動作。

喜愛獎賞：這體位很適合兩人間保持緊密的連結。舌頭往下舔，男人可以放鬆頭部的角度，讓頸部肌肉放鬆。

往下面的狗：這是狗臉朝下的瑜伽姿勢。對多數伴侶來說，這體位滿新奇但不太常用，卻可以好好地看著你的伴侶。有些女人喜歡伴侶緊緊地抱著她們身體中段的感覺，也喜歡伴侶挑逗著她們的胸部。同樣的，舌頭向上舔，要記得不要施加太多重量在她身上。

直接上，體位 A

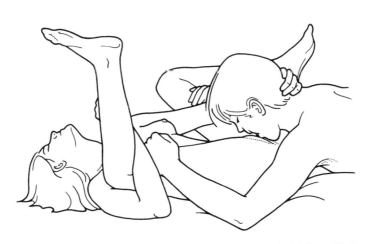

直接上，體位 B

T 形

雙腿併攏

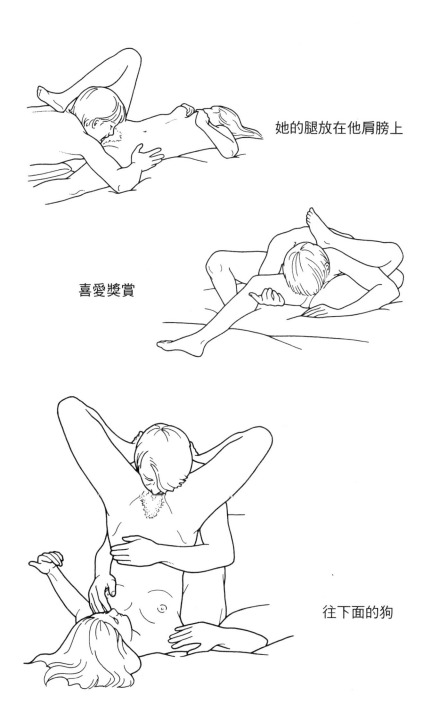

她的腿放在他肩膀上

喜愛獎賞

往下面的狗

有些女人經由接受口交達到高潮時，她分泌的潤滑液會有變化。一位男士說：「她分泌的潤滑液更多更濃了。」

側邊體位和 69 體位

側邊體位和 69 體位是口交的過渡體位，需要非常專注。有一位女士說：「我無法一面舔人一面被舔，要同時揉弄肚子和拍拍頭部實在太累人了。我喜歡把這體位當作暖身運動，然後就改用其他體位。」

舌頭往上舔，這對比較敏感的女人很有用。要確保有足夠的唾液以免她乾掉。你在忙碌的同時，她也可以吸吮你陰莖或陰囊。這體位對你的頸部也有放鬆的效果。

你可以把你的頭安放在她大腿上。有個男人說得好：「這樣我舌頭會比較溼潤，嘴裡的唾液源源不絕，這樣我就更能品嘗她了。」你也可以接觸周圍地帶，挑逗她的臀部和肛門。

如果女人位於你上面，你可以放鬆整個身體，舌頭除外。舌頭往下舔。這對喜歡舔肛和用手玩肛的伴侶非常適合。

拱形

這姿勢也很新奇，需要男人坐起來，他的伴侶則倒立。她可以把腳踝鎖在他頭部後方來固定位置，她大腿放在他的肩膀上。有些女人喜歡變換到水平體位時腦門充血的感覺。

側邊

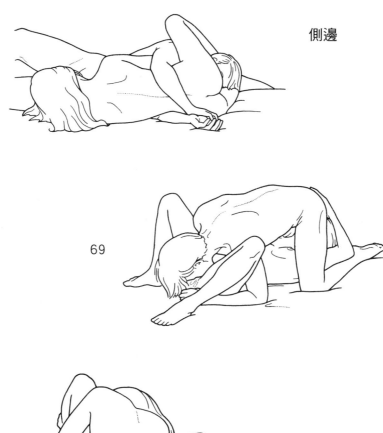

69

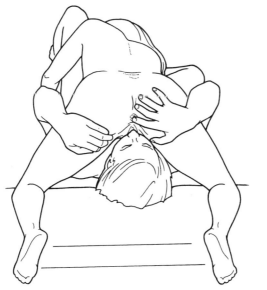

反 69

坐在臉上和盤旋蝴蝶

這兩種姿勢讓女人可以最輕鬆控制自己的動作。盤旋蝴蝶時女人面朝向男人臉部方向，坐在我臉上時女人則背向他臉部，這兩種體位都可以讓她隨自己心意調整壓力和速度。

坐在臉上。你的頭部和頸部應該有枕頭支撐，不僅僅是讓你舒服，也讓你更可以垂直舔著她。你可以輕易地挑逗她的胸部，並用手部把她張大。舌頭可以往下也可以往上舔，也可以有大量的吸吮動作。這種體位讓她可以專注在自己的愉悅感上，因為她不能為你做什麼事情。

盤旋蝴蝶。這是女人的最愛，原因有幾個。她可以靠在某個東西上，在她伴侶取悅她的時候覺得自己掌控一切。舌頭往上舔。另外一個選擇是讓她朝向你的腳時，把你腰部以下用被子遮住。

從後面來

對喜歡女人臀部的男人來說，這體位是他們的最愛。這需要較表淺的舔陰動作，而且如果你決定要玩弄她肛門，記得不要再往她陰部地區舔，畢竟你不會希望把某個地方的液體或微生物帶到另外一個地方去。因為自然狀態下肛門（你的或她的）和陰道處的微生物種類不同，可能會因此破壞她的陰道自然環境，有可能造成陰道感染或是膀胱感染。

這體位讓你有限度地接近每樣東西，但卻是個不錯的開始體位。你可能必須猛烈地彎曲自己的脖子。有位女士這樣評論：「我喜

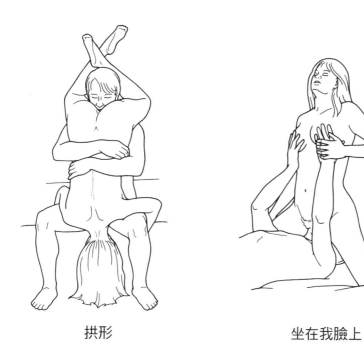

拱形　　　　　　　　坐在我臉上

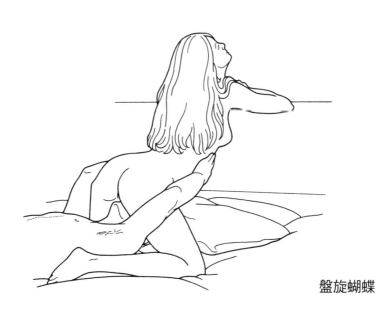

盤旋蝴蝶

歡我丈夫這樣做，感覺很有動物獸性，讓我非常興奮。」使用這體位時，她的肩膀下垂，可以用雙手幫忙把她自己打開，讓整個區域向你開放。

露的祕密檔案

你的舌頭和手指離開肛門附近後，不要往其他地方走，以免讓陌生的微生物造成她的感染。

椅子治療和站立

這兩種體位適合在臥房以外的地方使用。

椅子治療：不論她是坐在流理台上或沙發椅上，她的視野都不錯，而這姿勢可以讓男人長時間維持而不覺得脖子痠疼。她可以握著男人的頭，增加親密感，雖然有些男人宣稱這樣感覺很像「抓住耳朵之後被當作船一樣駕駛」。如果她坐在桌上而你坐在椅子上，那好處就很明顯。你可以在非常舒服的狀態下，專注於手邊的工作，也就是用你雙手的動作來讓她更愉快。

站住，留下過路費：又一種特技體位，通常在淋浴時或者脫衣、穿衣的當下所使用。這體位是種增加偉大性愛樂趣成分的絕妙方法。每當你嘗試一種新的體位、新的動作，或新的物品時，你就增加了冒險精神，這會讓你們兩人覺得渾然天成、充滿玩興、興奮難耐。不幸的是，這體位的唯一缺點是男性有時候會扭到脖子。

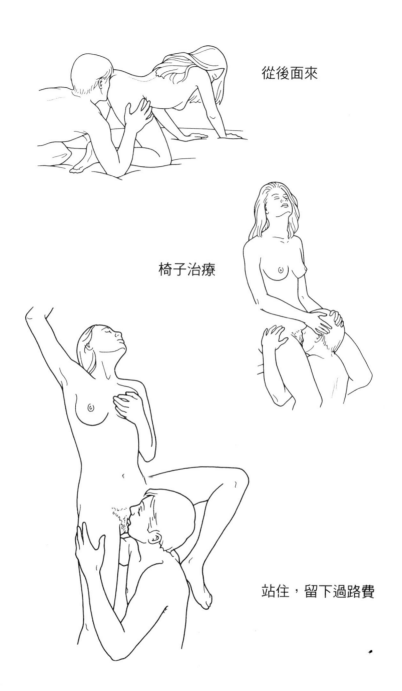

從後面來

椅子治療

站住，留下過路費

特殊對策

輕彈繫帶：嚴格來說，繫帶指的是皮膚相連之處。男人的陰莖頂端有包皮繫帶，女人的外陰陰蒂區的上端有陰蒂繫帶。如果想取悅女人，可以用舌頭下方表面（比較光滑）對繫帶的側邊到另一側邊快速舔過。你的舌頭會往上彎曲，靠近上唇。

升降梯：用舌頭上方表面來往上舔，用舌頭下方表面來往下舔。

字母練習：舌頭的動作輪流寫下字母表中的字母。如果要讓過程更興奮，可以把字體放大，或者寫斜體字。你可能需要請她把陰部撐開來方便你的書寫。

吸塵器：女人大多數都很喜歡吸吮。讓她吸吮你的手指，讓你知道她喜歡以怎樣的方式被刺激。

搖籃與菱形舌尖：吸吮陰蒂，用舌頭尖端刺激陰蒂，同時用噘起的雙唇來增加吸力。

冰塊：有些女人喜歡這樣玩，但也有人一點都不喜歡這種冰涼的感覺。

畢卡索：用舌頭在她全身作畫，把她的陰蒂當成是個發射點。你也可以浮上來跟她親吻，讓她知道自己的滋味嘗起來是什麼感覺。

露的祕密檔案

不管何時，往女人的陰道裡面吹氣既不舒服也不明智，但如果你在懷孕幾週時往陰道吹氣，可能會把氣體送進子宮，而如果氣體進入血管之內（氣栓），可能會致命。

這領域的一般訣竅

- 有位女士終於找到方法，讓她的伴侶知道她喜歡怎樣被舔。「我告訴他要像親吻我嘴巴一樣親吻我的陰部，範圍大、柔軟、溼潤、溫暖。然後我要他像吸吮我的舌頭一樣吸吮我的陰蒂。」

- 當女人說「棒極了」或者「就是那裡」時，男人通常會加快速度，或者增加壓力。這會逼迫著她，使得她「慢慢積累」的興奮感突然遭到破壞。冒著重複動作的風險，你應該讓她放輕鬆好好享受那感覺，這樣才有積累的效果。另外一方面，如果她說「多一點」，那就要盡力保持那樣的動作。

- 擅長口交的男人會使用整張臉，他們完事以後，看起來就像加了糖霜的甜甜圈。如果你舌頭累了，那就用鼻子和下巴來做出動作。

- 根據男人們的分享，有些女人喜歡男人用鼻子對她們的陰阜施加壓力。

- 你用舌頭刺激她的陰蒂時，可以考慮用下巴前端對陰蒂下方的尿道區域施加緊實穩定的壓力。有些女人也喜歡下巴對著陰道開口的基底處施壓。

- 有位女士對直接碰觸陰蒂非常敏感，她丈夫往下幫她的時候，她會穿上絲質連身襪。隔著絲料，她還是會非常興奮，卻不會過度。畢竟絲料不是防水的。

- 你動作越慢，就越快讓她得到高潮，真的。「有時候他已經全速進行，而我卻還沒發動。」如果希望女人高潮，就要讓她的張力慢慢積累。然後等她接近高潮的時候，加快速度，讓舌頭的動作更加強烈。

- 口交的時候，女人常覺得男人身處遠處。你可以使用讓身體有比

較多接觸的體位（如古典體位的喜歡獎賞體位）

➡ 有些女人喜歡你的舌頭做小範圍的重複動作，而有的女人喜歡多一點變化。她可能希望你舌頭剛開始時大範圍地舔，然後等她興奮後，就希望你進攻她的陰蒂，專注在那點上面。多跟她溝通，問她是否希望你改變舌頭的動作。

➡ 要記得對多數女人來說，尤其如果口交是前戲的第一步時，達到高潮所花的時間要比你想像的還多。有些女人需要十五分鐘，有些女人需要半小時，影響的因素很多，包括她是否輕鬆舒適。

➡ 男人判斷女人是否放鬆或者越來越興奮的最好辦法，就是觀察她的呼吸，呼吸會改變、變慢、變深。當她接近高潮的時候，用她的呼吸當作指引，來加快、減緩、改變你舌頭和嘴巴的動作程度。她興奮的另外一個指標，就是背部弓起，肩膀上提。

➡ 有些女人在口交的時候會受到過度的刺激。如果這樣，你需要改變你舌頭運動的範圍或強度，或者用嘴巴舔她身體的其他部位，讓她陰部休息。稍事休息過後，你的舌頭再回到她的陰蒂或陰唇，她仍會覺得興奮，仍然可以達到高潮。

➡ 有些覺得自己無法由口交得到高潮的女人會有焦慮感。你應該試著幫助你的伴侶，讓她知道不高潮是完全沒關係的。

露的祕密檔案

有些女人喜歡男人在耳邊哼唱的感覺。

疑難排解

男女都知道用口交來取悅女人需要頭部和身體的稍加扭曲。以下是解決之道：

脖子

一、枕頭、枕頭、枕頭。尤其當你們在床上時，把枕頭放在她臀部下方和你胸部下方（盤旋蝴蝶體位中，頭部下方也要擺個枕頭）。

二、搖頭姿勢。這就好像你說不的時候搖動頭部的姿勢，這樣可以讓你的舌頭更大範圍地接觸著她。

當你的舌頭累了

一、如果你舌頭累了，那就彎曲舌頭靠著上唇外側。這樣一來，你可以放鬆舌頭，又不會打斷她正在享受的柔軟火熱感覺。

二、你的舌頭有兩面，上面和下面。如果水平方向的運動讓你舌頭疲憊，那你可以改用舌頭上方往上舔來放鬆一下。然後再使用舌頭柔軟的下方來往下舔。

助手

一、口手並用。你的嘴巴在她身上時，也要使用你的手指。具體來說，試著把你的拇指在她會陰或肛門附近滑繞。

二、對陰道開口內下方施壓。如果女人背部朝下躺著，你往她生殖器看，那道開口就是陰道開口。用你的手指或下巴，對開口後兩吋的底部施壓。有些女人會變得很興奮。

三、用一隻手支撐住下巴。這是個多工的動作。你不但可以用拇指和食指之間的凹處支撐你下巴，也可以在舌頭休息的時候，用食指第二個關節的前方來繼續撫摸她。如果你需要這樣做，要記得有足夠的潤滑液，避免她太過乾燥。

既然有很多女人都喜歡接受口交來達到高潮，那你要好好寵愛她。你的舌頭具有魔力，如果你可以保持開放的態度，慷慨又興味十足地使用舌頭，那你的情人就會永遠感謝你。記住，你在她身上的舌頭就意味著你完全接受她。

第七章

組合並豐富你的玩具櫃

不會老到不能玩玩具

你知道跟十年前比起來，會使用性玩具的男女多了多少嗎？數據可能會讓你嚇到。根據兩間成人用品製造商的說法，在過去十年間，市場擴大了十倍，變成五億美金的零售市場。專家把性愛玩具使用者驚人的增長歸功於幾個原因。一位製造商解釋說：「**跟以前比起來，性愛玩具的汙名已經減少了。另外，夫妻對婚姻中嘗試新玩意的開放度日增。所以他們尋求有創意的方法來增添性生活的色彩。**」

以前，性玩具給人的印象總是不太光彩，但性玩具和其他的成人玩具可說已經出櫃見陽光了。有些祖母或曾祖母輩的也使用按摩棒，她們在性愛上比我們想的還要先進，由此可看出時代的變化。

首先，我必須指出這些產品不是用來取代激情並連結兩人的做愛。來參加工作坊的女性，大多真心喜歡男人，想跟男人作伴（男性也大多喜歡女人的陪伴）。這是不可否認的事實，雖然我們不一定能一直對男人有所了解。再次強調，玩具並不是用來取代伴侶的，而只是用來增強我們的性愛體驗，讓我們的性生活增加一些情趣。

有一位三項運動選手說：「我想到要怎樣設計自己的工具腰帶了，我會在腰帶的一邊放上一罐潤滑液，另外一邊擺上一根按摩棒。這樣我就隨時可以上陣了。」

如果你或你的伴侶對性愛玩具不太熟悉，那要把這些玩具引入你們的關係時，要有敬意和禮貌。**女人可能會覺得害羞，覺得玩具代表著你不滿意兩人的性愛關係。**如果她產生了這樣的想法，可能會開始對玩具還有對你敬謝不敏。有位女士之前有個男友建議玩按摩棒，她說：「我馬上認為自己是個不夠格的情人。等他告訴我用按摩棒只是想要讓兩人開心時，我才意識到自己誤會大了。」另外一位女士說：「一開始只是當個玩笑的禮物，引導我們尋求其他玩具，但現在它已成了我們在一起時的樂趣來源。」

她需要從你那裡知道你想跟她分享玩具。你必須強調是你們關係中的自由，讓你們去實驗並鬆動固有的界限。這是錦上添花，不是經常會發生的。

也要記得，你們不必有人事前就知道怎麼使用這些玩具。可能有些玩具會讓你看了以後充滿疑惑。每種產業都有自己的貿易展，我參加過半年一次的「成人新奇玩意製造商展」，基本上那是性愛玩具的貿易展。我跟你保證，有時候我看了某種產品，會想：「這些人在想些什麼?!」（有些產品本來就不打算有效果，只是用來賣錢的）。偶爾有個不錯的產品，我會拿給我的學員使用，再聽聽他們的反應。以下的圖示和使用方法會更清楚說明一些受到高度評價的產品。**需要雙方的同意才開始使用某種產品來獲得樂趣，畢竟，親密中嘗試新鮮事，不是很自然的嗎？**

按摩棒

我們把話說清楚，按摩棒是種造型多變的工具，有震動的能力，可以用來對女人或男人加以刺激。一般來說，按摩棒會做成陰莖的形狀，由塑膠之類的硬材質所做成（這樣才能裝入電池或電動馬達）。如果你不是完全心甘情願想嘗試這玩意，讓我再重複說一次：**按摩棒絕對無法取代真實的你**。這些玩意，和其他性愛玩具一樣，都是用來增強女人跟你在一起時的樂趣，甚至可以以意想不到的方式幫助她放鬆。按摩棒是自慰最快速的方法。如果和你的伴侶一起使用，按摩棒可以讓你們之間的性愛更有趣、更少壓抑。

有個迷思必須破除：按摩棒不會讓她對你的愛撫和抽插變得更不敏感，也不會跟你來競爭。就像男人大多數經由自慰很快就學會如何高潮一樣，有些女人藉由按摩棒來學會達到高潮的方法。但是按摩棒和你的手掌、手指、舌頭、陰莖還是有很大的差異。話雖這樣說，但如果這是女人可以達到高潮的唯一方法，那就讓她享受一下吧！跟你的手或身體比起來，按摩棒可以提供更強烈的刺激。

按摩棒可以輕易地讓女人達到高潮，基本上有三個理由：一是震動的強度；其次是女人使用按摩棒的時候，通常都一個人，所以會比較放鬆；第三個理由是她清楚知道要刺激哪些部位，用什麼強度來刺激。

然而對有些女人來說，經過了長時間的連續使用，她們可能會變得太過於依賴按摩棒，而你身為她性愛伴侶的責任之一，就是幫她脫離這種依賴感。

你應該知道有所謂的靜音按摩棒，它們震動的頻率很高。這些按摩棒可能會造成器官的麻木。我認識一位男士，他和妻子使用這

類的靜音按摩棒時，隔著牛仔褲來對陰囊加以刺激。五分鐘以後，他停止使用，但那地方開始陣陣作痛，因為刺激過度了。在玩樂的時候，要記得你母親的建議：「親愛的，凡事適可而止啊！」

露的祕密檔案

不是每位女士都喜歡用按摩棒。有位女人說：「那太吵太讓人分心了，我覺得我的高潮被抽離身體了，那會讓積累的情緒中斷掉。」

　　電動按摩棒是十九世紀美國醫生所發明的省力器具，用來治療「女性失調」，你可能會覺得這很有趣。那時女人會去醫生那裡接受「神經治療」，由醫師用手來刺激，讓女人達到高潮後，累積的壓力得到釋放。這種治療法行之有年，後來一位疲憊的醫生發明了迷你的裝置（也就是按摩棒）來協助他完成這程序。對醫生來說，這樣一來就快速輕鬆許多，而按摩棒很快就變成家電用品，在女性雜誌和郵購目錄上大做廣告，宣稱它們可以治療百病，讓頭痛、氣喘、老化，甚至肺結核等症狀痊癒。但等到按摩棒開始出現在色情影片中，和性愛的關係再難以否認後，就變成了不太光彩的用品了。

　　男人大多數認為按摩棒只適合女性使用，這是另外一種迷思。我跟許多發現按摩棒樂趣的男人談過話。基本上，只要安全衛生又不帶來傷害，你可以用盡巧思來使用它們。

　　使用按摩棒的女人通常分為兩個陣營。有些人喜歡用頂端小巧的按摩棒來對陰蒂做強烈刺激，有些人喜歡頂端較大的按摩棒（如日立魔杖），可以刺激較大範圍。但你不會知道自己怎麼讓她在性愛上大吃一驚，所以使用你的想像力吧！

按摩棒種類

　　按摩棒的樣式、尺寸、形狀、色彩各異，種類繁多。使用電池或者插電來提供電源。可隨身攜帶或者在家裡使用。有些表面光滑，有些則像某些洋芋片一樣表面有突起。有些按摩棒還有突出的附加物，可以同時刺激多個部位（就像下面介紹的淫兔珍珠）。以下的一些樣本是來參加我工作坊的男女的最愛，這些資訊可以讓你開始尋找最適合你的按摩棒。

➺ 魔杖樣式描述的是按摩棒的形狀，是最容易辨識的樣式。通常是由硬塑膠製成，用電池來提供電力。

➺ 附電線的按摩棒最初是設計來幫頸部和肌肉疼痛按摩的。通常插電使用，比魔杖樣式還大也還要有力。有些老式的附電線按摩棒可以綁在手上方便按摩，這類按摩棒有各種不同的附加物，最方便用來偽裝成他種用途的物品。

魔杖樣式

➺ 指尖按摩棒和遙控按摩棒因其特殊能力可以製造讓人驚喜的效果。製造商終於製造出有效果的東西了！

➺ 防水按摩棒可陪伴你和你的伴侶在淋浴的時候使用！大小不一，有小巧可以拿在手上的，也有較大、柔軟、直徑四寸包覆泡膜的球，可以供全身使用。

指尖按摩棒　　　　　　　　遙控按摩棒

露的祕密檔案

製造商花在包裝設計上的工夫，比花在產品本身的研發上還多。

特殊的按摩棒

以下這份特殊按摩棒的名單，包括了在全國各地較受歡迎的品牌型號。

臀部保護帶按摩棒，這是為了不喜歡用手操作按摩棒或假陽具的人而設計的。它和一般手持按摩棒的主要不同，在於有彈性大腿帶的功能設計，能讓震動的區域隨著女士的喜好而調整。這項設計理念，也應用在遙控按摩棒，可以讓你的伴侶從房間另外一端來遙控。請注意，有些遙控按摩棒使用的無線電頻率，跟車庫遙控器用的一樣。

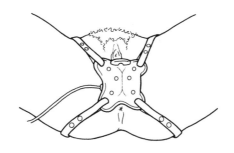

臀部保護帶按摩棒

日立魔杖，由日立研發的身體按摩器，頭部柔軟網球般大小，會發出強烈的震動。我想日立之前應該做夢都沒料到會有這樣的情色市場存在。這是最大型的按摩棒之一，而且因為尺寸大，女人可以更有創意地來使用它。比如說，女人可以把魔杖放在幾個枕頭之間，頭部朝下躺著，任意將魔杖頭部擺放在自己喜歡的位置，就能想像正在跟伴侶做愛一樣。

口袋型火箭或銀彈，這兩種按摩棒因為尺寸小而顯得特別。讓你的伴侶指引著你，因為有些動作和部位會讓她特別舒服。你也可以在陰囊上試試看，使用輕柔繞圈的動作。如果你喜歡更強烈更直接的刺激，那可以按摩陰囊下面的會陰區。

銀彈

淫兔珍珠，這是按摩器中的凱迪拉克，特殊的設計可以用來同時刺激男女兩人，你也可以操控著遙控裝置。它有兩段操作，一段震動，一段轉動，後者可以刺激陰道壁。如果要充分發揮刺激你們雙方的功能，最好是先專注於淫兔的震動功能（把轉動功能關掉）。這樣一來，女士可以讓魔杖的部分插入陰道

內，你躺在她身上臀部跟她配合著，把淫兔強力的日本製馬達打開。淫兔的鼻子和耳朵可以刺激她的陰蒂區，而淫兔背部的震動則可以刺激你陰囊的下方。

　　微型陰蒂搔癢器，這玩具的關鍵，在於其材質柔軟可延展（跟軸套一樣）。你可以在陰莖根部戴上搔癢器，這樣你進入她體內的時候，這個細小可震動的銀彈就能停留在她的陰蒂區上。

　　G 點按摩棒，這種按摩棒有個可以調整的彎棒，適合接近 G 點。G 點喜歡受到刺激的女人很喜歡這款按摩棒。

口袋型火箭

淫兔珍珠

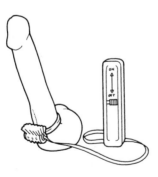

微型陰蒂搔癢器

G 點按摩棒

假陽具

假陽具是陰莖形狀的玩意兒，可以做到按摩棒能做的，除了震動以外。假陽具的材質較柔軟，女人的伴侶在他處於忙碌時，可以把假陽具放入體內來體驗那種許多女人很愛的飽滿感覺。假陽具通常是由塑膠類、橡膠或是矽膠做成。也有用硬塑膠做成，比較耐久，但使用上通常較不舒服，也無法較好地維持身體溫度。

跟 G 點按摩棒一樣，某些假陽具的形狀彎曲，更方便碰觸到 G 點（位於陰道壁的頂部，也就是腹部那側）。假陽具鞍具比你想像的還要受歡迎，鞍具讓雙方都可以扮演插入的角色，有些男人喜歡這種新鮮玩法，就如一位視覺藝術家說的：「我喜歡女人穿上皮革的狠勁，她戴上假陽具鞍具插入我體內，就像我插入她的一樣。」對某些伴侶來說，男人穿上鞍具就可以雙重插入女人。有人這樣說：「我老二插入她體內，另外一根陽具插入她屁股，那感覺真的無法形容。那真的爽斃了，她也有種充滿體內的感受。」

有一種有效利用假陽具鞍具的玩具，叫做調節器，基本上就是從你下巴往外延伸的陽具。我知道那樣子很特別，但相信我，你的情人很可能會感激你一輩子。有些女士在接受口交的時候，需要某種形式的插入才能得到高潮，調節器正符合她們的需求。這產品最初是十八世紀法國人設計的，用來「增進自然」。換句話說，如果男人想要用舌頭來取悅女人，他也可以用調節器來插入對方。這樣不但能讓男人用雙手和舌頭討好女人，也能解決插入的問題。我承認，男人戴上這玩意的模樣，是男士工作坊中最滑稽的場面之一。你可以想像有多少人會喊著「屌面人」！但男人一旦有勇氣戴上以後，就會發現下巴或頭部沒有受到帶子束縛的感覺，而假陽具固定

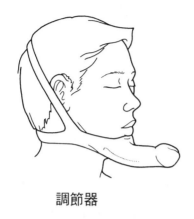

調節器

在下巴末端的地方，正是男人所希望的。有一位男士回憶說：「我戴上這東西時，我想像自己身處法國宮廷，只有我才能順著女孩的意取悅她們。」假陽具的部分長四寸、圍長五寸。男人可以躺下來插入，或者女人也可以低下身子坐在男人頭上。

特別的玩意兒

屌環（又稱環刺棘海膽）

喜歡屌環感覺的人，覺得屌環會讓壓力增加。屌環是基於勃起陰莖的水力學原理而作用。刺激會讓血液流到陰莖並填滿三個腔室。重力和刺激的減少則會讓血液流回去。屌環可以減少陰莖血液壓力的下降，因為可以讓勃起陰莖兩側的靜脈閉鎖避免血液回流。如果屌環繞著陰莖和陰囊下方，那就會把陰囊拉離身體，這樣就能延緩射精。這些效果加在一起，就能讓勃起更堅挺更持久，也讓一些男人可以延緩射精。在男性工作坊中受到推薦的產品，都是柔軟有彈性的材質做成的，而不是硬的金屬。

使用屌環的方法

一、你和伴侶可以在屌環和陰莖上抹一些潤滑液，這樣比較有效。最好使用水性潤滑液，才不會破壞油性潤滑液會破壞的材質。

二、屌環繞在陰莖幹上和陰囊下方會最有
　　效果。如果只套在陰莖幹上，有些
　　男人說：「如果只繞著陰莖會感覺太
　　緊，雖然我本以為連陰囊都繞著會更
　　緊，但很奇怪，繞著陰囊會覺得有東
　　西支持住，感覺恰到好處。」男士最
　　好調整一下睪丸的位置。

刺棘海膽

三、屌環可以在手部刺激的時候戴上，性交時也可戴上。通常情侶
　　會在手愛的時候先試試屌環，等他們知道怎樣比較舒服時，就
　　會在性交時使用。

四、有些人喜歡在一開始的時候，就戴上屌環，等接近高潮的時候
　　再取下；有些人則喜歡做愛做到一半的時候戴上，高潮時也不
　　拿下。

五、戴上屌環的時候，陰囊和陰莖的顏色會變深，這是正常現象，
　　因為血液堆積在那裡。屌環戴超過二十分鐘到三十分鐘後應該
　　拿下來休息幾分鐘。

六、等你用完屌環以後，用抗菌肥皂和水來清洗就好了，這樣下次
　　就可以繼續使用。

露的祕密檔案

　　學員喜歡的屌環，是用較軟有彈性的材質做成的，可以延伸到
包圍七寸寬的東西。

軸套（又叫做粗通心麵）

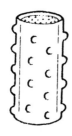

粗通心麵

它是一種尺寸適合所有人用的產品，是由非常有延展性、柔軟如絲、像橡膠的材質所做成，可以套在陰莖和手指上。這項產品的設計理念是手部刺激大多由手指來完成，而手指是非常柔軟平滑的。軸套可給身體細緻的地方全新的感受，因為表面柔軟的材質很容易用手指來控制。因為延展性高，所以也可以套在陰莖基部上。來參加工作坊的男人把軸套放在手心裡，意外發現那材質真的很柔軟。這多功能的物品可用在：

一、女人身上。對男人來說很有用。你不只依靠手指尖來刺激她的陰蒂區，同時也有柔軟材質的軸套幫助。你可以用手掌心摸看看，記得要放一些潤滑液才能真正感受。有人建議可以戴上兩個軸套，這樣就能同時按摩兩邊的內陰唇和陰蒂脊。女人會說：「他以前手很巧，現在的手則是棒呆了。」如果在性交的時候使用，軸套應該套在陰莖基部，讓你慢慢深入地插入。表面上柔軟的突起物可以對她加以刺激。女上體位還有男上體位都很適用。

二、男人身上。把軸套套在一根或兩根手指上，也可以拿兩個軸套套住不同的手指。抹一些水性潤滑液，發揮你們的想像力。

三、自己身上。這樣就可以多多嘗試不同材質帶來的各種可能感覺。

運動套

跟所有的好點子一樣，這玩意兒也是從小東西發展起來的。運

動套是海軍軍官所發明的，他是在看到大衛‧萊特曼把自己黏在魔鬼氈做成的牆上時得到的靈感。他就在那刻跟同事說：「如果你也可以跟女朋友這樣做不是很好嗎？」其中一位軍官的妻子用布料作成被單，又做了附有袖口的魔鬼氈護墊，然後他們舉辦了一場派對來測試效果。他的評論是：「我們笑翻天了。」然後運動套就誕生了。

運動套是一種性愛套組，包括像絨毛般柔軟但卻很耐久的天鵝絨材質被單，可以蓋在特大號的床上。還有四個可固定的護墊，跟袖口接在一起，可以把你或她固定在被單上面。設計的概念是男女可以安全地用袖口以喜歡的姿勢固定在床上。當然了，你也可以先不用其他較嚴肅的束縛產品，而能增加性愛的樂趣。我把這舉動稱作束縛的童子軍入門版，適合想要試試看束縛是否安全的男女。

合床設計的被單非常柔軟，可以安放在你床上。魔鬼氈護墊也不具威脅性。對於喜歡被「禁足」的女人來說，這是被綁起來以外最好的選擇了！

露的祕密檔案

對束縛的初學者來說，可用衛生紙捲讓她有受到控制的感覺，不要使用真正的威脅。

高空無重力性愛體驗

這產品要價三百元美金，所費不貲，但卻能提供你和伴侶全然不同的體驗，就像名稱所說明的。這產品是高空彈跳愛好者所設計的，基本上是高空彈跳鞍具的修正版，由好幾條你可以跟天花板上

的橫梁拴綁在一起的繩子所構成。產品附有無數個體位的參考圖表。

她吊在鞍具裡面，你可以在沒有她背部和腳部的抗力下插入她體內。**女人和男人喜歡這種無重力的感覺**。這是你們閨房嬉戲場的完美添加物，尤其適合喜愛吊床和鞦韆的你們。這種動作既刺激又舒服。正如設計發明這項產品的人所說：「你的脖子不會再扭到了。」（要注意你的石牆，最好在固定的時候先好好檢查，免得把你的天花板給扯壞了）。

這也很適合用來幫她口交。只要手指輕輕一推，你就可以移動她，再也不用伸長脖子或移動頭部了。

舔陰舔很大

產品的功能在包裝上就說得很清楚了（我不信產品名稱沒給你暗示）：給「饑渴的舔陰行家」。這種陰唇張開器是由可以固定在大腿上的柔軟黑皮革繫帶做成的。兩側各有一個小小的皮革「手」（設計者的幽默感隨處可見）可以固定住外陰唇的邊緣。女士可以輕鬆地藉由大腿的開合來控制陰唇的開合程度。

這玩具有三個設計理念。首先，把外陰唇往外撐開通常會增加感覺，因為陰部皮膚表面變得緊繃而且暴露出來的部分更多。其次，不管男女都經常抱怨把陰唇撐開很累人，這可避免疲憊。有位女士描述她試著把自己撐開的情況：「我試著撐開，可是太過滑溜，害我把指甲刺入了內陰唇，真的很痛。」最後，這可以讓你的雙手空下來做其他事情。

如果你熟悉假陽具鞍具，這玩意很類似卻沒有掛上假陽具的環套。同樣的，這可以讓男人的雙手空下來發揮其他創意。本產品有黑色、粉紅色、紫色三個選擇。

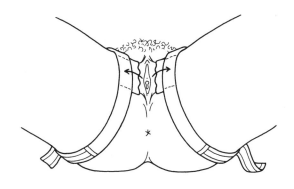

舔陰舔很大

屁眼栓塞和肛門串珠

　　喜歡肛門受到刺激的女士，這兩項是她們的最愛。這會讓女人有更飽滿的感受，如果性交同時進行的話，飽滿的程度會更大。對男人來說，最主要的刺激點是前列腺。這兩種玩具都需要大量的潤滑液，因為肛門本身不會分泌潤滑液。

　　屁眼栓塞基本上就是給肛門使用的假陽具，但基部的地方有個凸緣以免整個栓塞都跑到直腸裡面去。通常做成倒圓錐形，放進去的時候，括約肌的力量可以讓它固定住（肛門括約肌有兩種。只有讓肛門打開、閉合的那種強壯括約肌是可以自主控制的。另外一種括約肌受到不自主控制，所以就算你努力嘗試，也沒辦法讓那肌肉放鬆。所以，**為了要讓兩種括約肌都放鬆，就需要有外物的幫忙。有一位男士建議可以「把一根手指放進去一分鐘，再把兩根手指放進去兩分鐘」。但記住手指要保持**

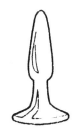

屁眼栓塞

固定，不要任意移動）。

　　肛門串珠是用線串住的塑膠球或金屬球。除了一粒珠子留在外面，其他的串珠都塞入肛門內，然後在高潮的時候或是高潮之前把串珠往外拉，因為此時恥尾肌在肛門附近會產生高潮性收縮。一位住在比佛利山的三十七歲女士說：「串珠往外拉的時候，我又有了另一波的高潮。」

玩具的重要準則

一、玩具必須保持乾淨。在使用前後可用溫水和抗菌肥皂洗乾淨。

二、有塑膠成分的玩具，只能使用水性的潤滑液，因為油性產品、按摩油、手部乳液等等會破壞塑膠表面。

三、會插入體內的部分可以用保險套，這樣讓清洗更加輕鬆。

四、用在陰道和用在肛門的玩具，要分開使用不要混用。如果女人喜歡肛門被插入，不要用同樣的假陽具再插入陰道裡面。

五、把玩具放在安全的地方，遠離灰塵和油。玩具的行家應該把陰道玩具放在一個袋子，肛門玩具放在另外一個袋子。

六、不要跟別人共用玩具；這時候分享真的不是美德。

你的玩具櫃

　　玩具是一種讓你們的關係增添樂趣的美妙方法。如果小心並輕柔地使用，你和你的伴侶就可以發現取悅彼此、充分享受的全新方法。對於擔心隱私的人，可以把玩具放在緞枕套內，擺放在床墊和床櫃之間。你可以把本章的建議當作一個起點，好好享受！

資源：玩具何處尋？

　　我在收集關於玩具產品的資訊時，詢問了商店主一些問題，來確認他們是否對品質有所承諾，並保持開放和鼓勵的態度：他們對性愛是否有正面的態度？女人一個人進入商店或者打電話訂貨會不會尷尬？商店提供的選擇多嗎？商店是否有自己的郵購目錄呢？他們的電子信箱網站是否安全？

　　目錄是很好很安全的方法，可以把玩具介紹到關係裡面來使用。選擇玩具的過程就是種讓彼此更加親密結合的經驗。你可以溫柔地建議你想試試看什麼玩意兒。你們可以一起看圖片，讓你和她來感受一下什麼可能比較有趣，什麼可能比較危險等等。剛開始的時候，做出建議可能會讓你或她覺得容易受傷。女人尤其擔心會受到拒絕。記得，如果她建議你們嘗試性愛玩具，她可不希望你認為她太過放蕩。

　　基本上我建議的目錄都很有品味。這些商店有幾家特別為女性著想，也提供了免付費電話讓員工回答顧客的疑問，而且目錄上面也有詳盡的解釋。其他的目錄則比較隨性較不質樸。

美國西岸
西雅圖

Toys in Babeland

707 Pike St., Seattle WA 98122

電子信箱：biglove@babeland.com

網站：babeland.com

　　這是女性經營的商店，本來是為女人和女人的舒服而創立的。

現在也有一些以男性為訴求的產品。

舊金山

Good Vibrations

零售店：

1210 Valencia St., San Francisco CA 94110

2502 San Pablo Ave., Berkeley CA 94702

電子信箱：goodvibe@well.com

網站：http://www.goodvibes.com

　　Good Vibrations 是很完整的商店郵購結合體。他們專精於按摩棒，有無數的貨源和選擇。他們也提供了很多潤滑液、特殊的按摩油還有影片和書籍。玩具和皮革製品的品質很高，耐久性和創意都不錯。他們的產品都通過消費者測試滿意。他們的員工都很有禮貌，沒有偏見，對性愛抱持正面態度，會提供敏銳、知識廣博、有用的建議。

洛杉磯

The Pleasure Chest

7733 Santa Monica Blvd., Los Angeles CA 90046

323-650-1022

網站：www.thepleasurechest.com

　　這家店主要的訴求對象是男同志，有很多皮革產品，但是異性戀男女也可以在這裡找到一些有趣新奇的玩具。

Condomania

7306 Melrose, Los Angeles CA 90046

323-933-7865

網站：www.condomania.com

　　他們提供了超過三百種不同的保險套。網站很安全。

Glow

8358 1/2 West 3rd. St., Los Angeles CA 90048

323-782-9080

電子信箱：glowspotLA@aol.com

　　Glow 有很不錯的芳香療法產品供選擇。

The Love Boutique

18637 Ventura Blvd., Tarzana CA 91356

818-342-2400

2924 Wilshire Blvd., Santa Monica CA 90403

310-453-3459

免運費訂購專線：888-568-4663

　　這兩間商店都由女性經營，一週有七天營業。雖然提供的產品較少，但是員工懂很多，對顧客也很體貼。這裡的員工特別重視女人的感覺，希望女人對自己的性活動更自在坦然。

聖地牙哥

F Steet Store（在聖地牙哥有十間店）

751 Fourth Ave., San Diego CA 92101

619-236-0841

2004 University Ave., San Diego CA 92104

619-298-2644

7998 Miramar Rd., San Diego CA 92126

619-549-8014

1141 Third Ave., Chula Vista CA 92011

619-585-3314

237 East Grand, Escondido CA 92023

619-480-6031

這些連鎖店提供了範圍很廣的男性和女性產品；它是最早創設女人專屬區的商店之一。

Condoms Plus

1220 University Ave., San Diego CA 92103

619-291-7400

這家店充分考慮女人的需求。它的營業執照可以賣各式各樣的禮物還有保險套。換句話說，你可以幫小孩買填充玩具動物，也可以幫你丈夫買成人新奇玩具。成人玩具在這家店裡有專屬的區域。

美國中西部

芝加哥

The Pleasure Chest（跟紐約那家店有關）

3155 North Broadway, Chicago IL 60657

773-525-7152

顧客大多是女性或伴侶。這家店定義出成人商店該有的樣子：

清潔、明亮、高格調、店員不帶偏見，長得就像你我。這家店和紐約那家（見下）是由專注於顧客需求的老闆所經營的。

Erotic Warehouse

1246 West Randolph, Chicago IL 60607

312-226-5222

這家店的格言是「永不關門」，座落在城市的倉庫區內（在哈波製片路上的另外一邊），在商店後面有供顧客觀賞影片的隔間。

Frenchy's

872 North State St., Chicago IL 60611

312-337-9190

這家店的外觀和大小都剛經過大量翻修，是以前的三倍大，提供給男女許多產品。

明尼阿波里斯市／聖保羅市

Fantasy House Gifts

716 West Lake Street, Minneapolis MN 55408

612-824-2459

網站：www.fantasygifts.com

在這區域有八家分店，包括布盧明頓、聖路易斯帕克、水晶城、弗里德里、庫恩拉皮茲和聖保羅，還有兩家在新澤西州，馬爾頓和特納斯維爾。以舒服的環境和態度來提供成人產品和新奇玩意兒。最近還開了一家位於明尼阿波里斯市的保險套王國商店。

俄克拉荷馬

Christies Toy Box

1184 North MacArthur Blvd., Oklahoma City OK 73127

405-942-4622

　　這家是成人用品連鎖店，是俄克拉荷馬州的首選；在德州也有分店。

美國東岸

紐約

The Pleasure Chest

156 Seventh Ave. South（位於 Charles 和 Perry 之間），

New York NY 10014

212-242-4185

網站：apleasurechest.com

　　紐約店和芝加哥姊妹店都很受歡迎，很有格調、擺放整齊，提供男女、同志、異性戀者許多產品。

Eve's Garden

119 West 57th St., Suite 420, New York NY 10019

212-757-8651

網站：www.evesgarden.com

　　這是由女性經營的商店。Pleasure Chest 在一九七二年為男同志所做的，正是 Eve's garden 在一九七四年為女人所做的。位於曼哈頓中城市中心，這家店是這區域最不可能出現的。因為許多為女性設計、對性愛抱持正面態度的產品而著名。

Condomania 紐約店

351 Bleecker St., New York NY 10014

212-691-9442

網站：www.condomania.com

　　這應該是經由信件、電話、電子郵件（網站很安全）訂購保險套的最佳選擇。這家商店很友善，有很多有用的新奇玩意兒。

Toys in Babeland

94 Rivington St., New York NY 10002

212-375-1701

電子信箱：comments@babeland.com

網站：www.babeland.com

　　這本書提到的產品都可以經由性愛工作坊／老實說公司（Sexuality Seminars/FRANKLY SPEAKING, INC.）而買到。所有的訂單都會保密，不會賣給郵寄名單公司。更多資訊，請洽：

FRANKLY SPEAKING, INC.

11601 Wilshire Blvd., Suite 500, Los Angeles CA 90025

310-556-3623

電子信箱：LouPaget@aol.com

網站：LouPaget.com

美國南方

北卡羅來納

Adam & Eve

PO Box 800, North carrboro NC 27510

800-765-ADAM（2326）

這是美國最大的成人產品郵購公司，產品項目齊全。

加拿大

多倫多

Seduction

577 Yonge St., Toronto, ON M4Y 1Z2

416-966-6969

這家最新開幕的零售店是北美最大的成人玩具商店，佔地三層樓，共一萬五千平方英尺大。員工都是年輕、青春面孔的大學女生，清楚了解銷售的商品，會照顧顧客需求。

Love Craft

63 Yorkville Ave., Toronto, ON M5R 1B7

416-923-7331

網站：www.lovecraftsexshop.com

溫哥華

Love Nest

161 East 1st St., North Vancouver, BC V7L 1B2

604-987-1175

網站：lovenest.ca

卡爾加里

The Love Boutique

9737 MacLeod Trail S., Calgary, AB T2J 0P6

403-252-1846

Just For Lovers

第一家店

920 36th St. NE, #114

403-273-6462

第二家店

4014 MacLeod Trail S.

403-243-2554

第三家店

1415 17th Ave. SW

403-245-9505

第四家店

3630 Brentwood Rd. NW, #515

403-282-7125

台灣

　　編按：原書並未收錄台灣地區的購買資訊，為顧及台灣讀者的購買需求，編輯部嚴選品質、功能兼具的情趣玩具品牌，列出以下購買地點，有興趣的讀者可參考選購。

CR 保險套情人

http://www.cr2003.com.tw/

北門站前總店

700 台南市中西區北門路一段 165 號

電話：（06）2284508

情人海安館

700 台南市中西區海安路 2 段 311 號

電話：（06）2233183

台中逢甲店

407 台中市西屯區福星路 411 號

電話：（04）27087168

博客來網路書店創意生活館 > 個人配件 > 情趣用品

PC HOME 線上購物

PChome > 線上購物 > 育樂 > 情趣用品（限）> 德國 Fun Factory

或搜尋關鍵字「愛情遊樂工廠」

晶晶書庫－華文地區第一家同志主題書店

http://www.ginginshop.com/

台北市羅斯福路 3 段 210 巷 8 弄 8 號 1F

電話：（02）2364-2006

熱點情趣生活館

台北市大安區忠孝東路三段 201 號 1 樓（捷運忠孝復興站 SOGO 新館斜對面）

電話：（02）2752-5643

第八章

高潮迭起

魔力高潮

　　本章介紹性高潮和它的魔力。具體來說，本章介紹的是她的性高潮，和身為她專業情人的你，該怎麼做才能讓她達到高潮，增加她感官的體驗，並發現讓她高潮的嶄新方法。雖然我的焦點主要放在她身上，但我也會提到你的性高潮，提供讓你更持久的方法，讓你學會控制自己性高潮來的時間點。持久和性高潮控制，是參與我工作坊的男人會談論並重視的兩個議題。

　　性高潮的體驗可說是妙不可言、扣人心弦、讓人精疲力竭但又能紓緩情緒。對男女來說，性高潮有可能來得太快、很久才來、來得太難，或者根本不會發生。性高潮是世界上最自然的東西，如果不如預期中那麼輕易就體驗到，就會帶來極大焦慮。談到性高潮，常會帶來讓人衰弱的不必要壓力：

→ 表現
→ 多重性高潮
→ 以正確的順序來達到性高潮

→ 跟他人一樣的性高潮

→ 同時高潮

　　尤其**對很多女人來說，她們有做出反應的壓力。**「我之前的男友太過關注於我的性高潮，所以我只好開始偽裝。我覺得受到了壓力，難以盡情享受。他覺得他有義務讓我高潮，每次我們往臥房走去時，我就開始感受到臨場焦慮。我跟他說沒有高潮沒關係，他根本不相信我。他這種希望我達到高潮的需求，讓我們終於走向分手。」隨便翻開一本女性雜誌，就能看到無數的文章，要求女人以諸如下列的問題來評估自己：「你覺得自己很容易達到性高潮，還是規律地經常享受到性高潮？是陰蒂高潮、陰道高潮，還是G點高潮？」正如一位女士所說：「天啊！我怎麼知道？我只知道自己發生了些什麼，而不是發生在其他人身上的事啊！」

　　紐約時報刊登一份研究。當詢問男女是否曾經達到性高潮，不論高潮是來自口交、手愛或性交時，百分之二十六的女性說她們通常沒達到高潮，百分之二十三的女性說性愛不讓她們感到愉悅，百分之三十三的男性說他們持續有早洩的問題。

　　這些統計數字的意義何在？首先，這些數字顯示出在美國，男女極大程度地對性愛不滿意。其次，這也間接顯示男女感覺到非得高潮不可的壓力。的確，《美國醫學協會期刊》在一九九九年八月的一份研究指出，**性功能失調「和負面的性愛經驗以及整體健康狀況有高度的相關」。**上述兩項研究證實並強調了性愛中的心理和情緒面向，對女人來說尤其如此。**確切來說，女人的緊張程度，和她控制高潮的難易程度之間，有直接的關聯。**然而，只要好好地從生物和情緒角度來了解女人如何高潮，你就能提升能力，幫助她達到心滿

意足甚至震撼人心的高潮體驗。

如果太過強調性高潮本身，那反倒幫了你和她一個倒忙，讓性愛好玩、愉悅和激動人心的成分降低。在這方面，我同意比佛利‧惠普博士的看法，她是羅格斯大學教授、「美國性教育者‧性諮商師‧性治療師協會」主席、世界性學協會幹事，她說我們在性愛中的所作所為，應該是「愉悅取向的性愛經驗，而不是目標取向的經驗」。她也相信，沒有人有權利說他人的性愛經驗是無效或不足的，這點我也同意。我們都有權體驗自己獨特的性高潮經驗，不論其方式和時機。

嶄新的方法

所以我們要怎樣接近至高無上的性高潮，將其遭受誤解的成分排除，恢復其自然的尺度和地位呢？首先，你應該意識到自己的壓力感覺，然後努力降低壓力。**我認為最好的方法，就是在做愛的時候，採取不那麼目標取向的態度。**直接的結果可能是性高潮會失去一點力量，但讓人難以置信的，卻能讓性高潮的發生更加強烈！較不目標取向意味著保持開放和自然的態度，**並減少對於高潮的聚焦和期待。**一位地產開發商，描述了過於強調性高潮所帶來的焦慮：「小孩子在房子裡面跑來跑去，讓我們難有足夠的時間來慢慢辦事。如果我們之中有人想要，那只好勉強來一炮。但等到禮拜六晚上或禮拜天早上，有充裕的時間可以享樂時，彼此的感覺、親密感和性高潮都有極大不同。」

同樣的，**如果你已經幫助你的伴侶身心都放鬆，那她就比較有可能體驗到性高潮。**一位女律師講述了自己的故事：「在跟他交往之

前，我從沒體驗過性高潮，他既體貼又年輕，還會幫我舔。當他在下面的時候，我心裡想：『應該不會發生什麼事情。』然後他說：『我真的想這樣做，我很愛吃妳。』所以我想如果他那麼愛，那就讓他繼續下去吧！十分鐘以後，哇！突然之間我就有了人生第一次性高潮。現在我知道那是因為我完全放鬆，不執著於接下來應該會發生的事情。我知道用手或是按摩棒的感覺，但我似乎需要口交才能讓自己的神經傳導路徑開放，知道自己的感覺或期待。從那以後，我就常常在接受口交的時候達到高潮。」

另一位女性講述了她的經驗：「有個下午，我和情人在一起偷閒，當他挑逗我的陰蒂時，我心理上幾乎睡著了。那天很慵懶又寧靜，他做的一切讓我放鬆極了，突然之間高潮悄然而至。那是我第一次跟男人在一起時達到性高潮。」上面這兩個例子中，這些女人放下期待或計畫，而有了性高潮的驚喜。

另外一個讓你幫她達到性高潮的關鍵，就是要記得前戲對女人的重要性。我之前提過，女人大多數都經由手和嘴的刺激而達到性高潮。而男人通常寧願等到性交的時候再高潮。如果你把前戲當成是性愛中重要的成分，而非僅僅是性愛（性交）之前的一個階段，那你就能專注於讓她達到她想要的，而非你接下來想要的。有位紐約的酒吧侍者說：「是啊，我喜歡她比我先高潮，真的，我是男人，我喜歡看到成果。但更能讓我興奮的，是讓我太太高潮，知道自己有本事讓她覺得舒服極了。對我來說旅程是最重要的，而不只是終點線。」同樣的，既然男人大多比女人還要快達到高潮（本章後面會討論同時高潮這議題），由你自己來決定是不是要先專注在她身上。換句話說，她雖然希望你達到高潮，但你也許需要把她排在你前面。如果你在性愛上採取多一點這種利人的態度，那我跟你保證，

女人會以三倍的工夫來加以回報。

要讓她達到那「義無反顧」之地，需要百分之九十五的決心和奉獻，還有百分之五的才智。才智的部分很直截了當，只要你知道她陰部的構造，還有她的喜惡就可以了。

時機

如剛剛提到過的，既然大多數女人都習慣於經由嘴和手的刺激來達到性高潮，她們傾向於性高潮來得比男人快。這不是準則，而只是性愛中多數男女使用的標準作業流程。但你可以考慮改變這項性愛公式，只要問：「誰想先來？」你可能會驚喜於自己的發現。舉例來說，參加我工作坊的一些女人會試著等到被進入之後再高潮。一位女建築師說：「我越興奮，就越希望他在我體內。」另外一位來參加工作坊的女人說：「有時候我真的很渴望他進入我體內。我可能因為他幫我口交而已經達到高潮，但如果他不進來，我就覺得不完整。」另外一位女士說得更簡潔：「天啊！有時候我直接抓著他，對他說：『我要你現在進來！』」我的論點有兩層意義：首先，雖然高潮可能是你的手指或嘴唇引發的，但高潮的體驗或感覺會延續下去。其次，對很多女人來說，你進入她體內才能讓高潮的感受完整無缺。

另外一個關於時機的概念你也應該牢記在心，就是女人始終如一的生理週期。**有時候她的週期就像是美妙的自然奇蹟，讓她不預期地強烈渴望著你。但有時候你又想詛咒大自然，因為你的伴侶變得疏離、易怒，甚至對性愛完全不感興趣。**我相信你已經聽過經前症候群，有些女人經前的情緒劇烈擺盪，有些女人則幾乎沒有任何

症狀。但諸位先生，你應該了解這些情緒的擺盪和對性愛的接受程度，其實都是她的生理所造成的現象。有時候她不想要，或許是因為疲憊易怒，但有時候跟她的生理週期比較有關係。

女人生理週期的明顯徵兆，就是她的月經。在青春期來臨一直到停經期，健康的女人會有平均二十四天到三十二天的週期。雖然多數人只意識到女人月經來潮那幾天，但那只是生殖週期中最明顯的階段。週期始於月經來潮的第一天，終於下次來潮的開始。基本上，女人週期的第一個階段，稱作濾泡期，從月經來潮第一天開始為期十二天。這段期間內，她子宮內壁脫落，造成流血。女人大多流血三到五天，有些女人會有程度不等的痙攣現象。這階段通常適合性愛，理由有兩個：一、當她高潮時，可以紓緩子宮的痙攣。二、這階段懷孕的機會很低。在這階段末期，腦內啡分泌量達到頂峰，雌激素增加也讓她有充裕的陰道潤滑。早上她的腦內啡分泌量最多。

女人流血的時候，有些男女覺得做愛會不太自在。在某種程度上，這種抗拒與遠溯到聖經舊約時代的禁忌有關，那時女人的血液被視為是不潔的，因此不該在月經來潮的時候做愛。就算到了今天，很多女人也避免在這階段做愛，因為她們覺得不太舒服又會弄得一團亂。女人也擔心男人會因為經血的樣子、感覺和味道而性慾盡失。有時候很難避免一團亂，因為保險套和經血不太配合，會造成陰道乾燥，甚至讓保險套破裂。一個可能的解決之道，就是改用子宮帽。

男人也會擔心在這階段做愛是否恰當、安全。我對你的建議是：如果你不在乎，你應該鼓勵她對性愛保持開放的接受態度。你可以告訴她你不在乎她的經血，這樣的態度是很好的接納感覺。一

位運動市場主管說：「我才不在意，覺得糟糕的是我的老婆。不管什麼時候我都喜歡她的身體，二十八天的每一天都喜歡。」

下一個階段是排卵期，為時三天，也就是週期的第十三天到第十五天。這時她準備好製造小孩了。對多數女人來說，一個指標就是看見她們分泌物裡面類似蛋白的黏液。卵子釋放到她的輸卵管，她的子宮頸黏液變薄，讓精子容易抵達卵子處。有些專家說這階段女人製造較多的雄性激素，讓她們這三天的性慾更加強烈。

黃體期在週期的第十六天到第三十天。如果她在排卵期懷孕，那黃體期就是讓受精卵反應生長的時候。她會分泌黃體激素，這種荷爾蒙會使子宮內壁增厚，並抑制腦內啡的分泌，以免干擾受精。你可能很熟悉，在這階段，因為經前症候群的關係，她會特別易怒，通常等到經血開始排放後症狀就會結束。

至於男士性高潮的時機和對她的影響，我則不斷聽到挫折的哀號。男人大多是經由自慰而學會性高潮，這再自然不過。但因為自慰是一個人的活動，你知道怎麼做可以讓自己高潮，因此性高潮很容易、也很快就達到。這樣一來，如果你習慣快速達到性高潮，那等你興奮地跟女人在一起的時候，就很難改掉這習慣。神經路徑已經建立，你必須有意識地才能學會控制高潮時機。不幸的是，快速高潮常和早洩混在一起，進一步侮辱了男性。就高潮的時機來說，要考慮的就是早洩問題和保持堅挺的方法。我會在本章後面討論這些議題。

露的祕密檔案

早洩的定義，就是男人比自己希望的還早射精。

女人性高潮的種類

一般來說，女人大多數會在三個部位體驗到性高潮：陰蒂、陰道和 G 點。但高潮可以經由從陰蒂到乳頭間的刺激而產生，有時候甚至按摩頭部也會達到高潮。女人的大腦和身體的連接很緊密，只要有適當的調情技巧，什麼東西都可以刺激高潮區域。

陰蒂高潮

陰蒂高潮對女人來說是最常見也最強烈的高潮。事實上，女人大多數都需要某種形式的陰蒂刺激才能達到高潮。這些刺激可以由手、嘴、假陽具、按摩棒或是性交的時候來達成（見以下的性交組合技巧）。有些女人喜歡輕柔的觸摸才會興奮，接下來才是強烈而快速的按壓。有些女人只喜歡輕柔或是用力的按壓。同樣的，你應該問清楚她的喜好，或者觀察她自我撫慰的樣子。

要記得，女人大多數都經由手部和口部來刺激陰蒂，而不是插入。如果女人喜歡陰道接受插入的同時也受到陰蒂的刺激，那女上體位可以讓她如魚得水（第九章有更多關於體位的資訊）。

露的祕密檔案

陰蒂是身體上唯一一個只為了樂趣而存在的部位。

G 點高潮

假若你還記得我之前提供的指引，你應該可以找到 G 點了。再

稍微提醒一下，比佛利‧惠普博士是 G 點的命名人，她說如果想要找到這美妙的點，你可以把女人的陰道想像成一個小時鐘，十二點鐘指向肚臍方向，那 G 點通常位於十一點到一點的方向。陰蒂從陰蒂蓋中突出體外，但 G 點卻位於環繞尿道陰道內壁之下，除非女人興奮，否則幾乎難以辨識。惠普博士說對 G 點的最大誤解之一，就是認為它不在陰道壁裡面，而可以在沿著尿道走的陰道壁上觸摸到。另外一個誤解是認為 G 點跟女性潮吹的關係絕對相關。

你可以幫她找到 G 點，只要把手指輕柔放入陰道裡面，往腹部的方向彎曲。她也可以蹲著自己來，要記得在興奮的狀態下才能感受到 G 點存在。但正如《男人性愛新論》作者伯尼‧齊貝格德告訴我的：「不要太過執著非找到 G 點不可。」

試著將手指擺成召喚手勢，使用形狀特別的假陽具和按摩棒，或者在插入的時候感受 G 點的存在。在性交之時刺激 G 點最棒的體位如下：

一、後進體位。

二、女上體位，女人可以朝向男人，或者背對著他更好。

三、男上體位，女人把雙腿放在伴侶的手臂或肩膀上。陰莖彎曲的男人如果使用這體位，刺激到 G 點的機會更大。有些陰莖挺直的男性會用背部彎曲的體位，來達到類似的角度。

陰道高潮

陰道高潮和 G 點高潮所使用的神經路徑是一樣的，都是下腹神經和骨盆神經。現在你知道陰蒂其實比表面看起來的還大，陰蒂腳沿著陰道壁延伸，你可能知道女人可以經由陰道刺激而達到高潮。

性高潮也可以在插入的時候經由收縮恥尾肌而達成。有節奏的

振動，不論是短促或長緩的振動，都可以刺激神經末梢。女人形容這種高潮是往外推的深層高潮。

性交組合技巧

這技巧需要生殖器兩個部分的組合：她的陰蒂和你陰莖底部的恥骨區域。男人的恥骨區域有脂肪組織覆蓋，不只是堅硬的骨頭。如果男人夠深入，並維持恥骨和她陰蒂間的持續接觸，那女人就可以使用輕柔的搖晃姿勢來達到高潮。這樣一來，男人不但維持著跟女人陰蒂的接觸，同時也增加了插入的刺激。男上體位典型的進出抽插對女人陰蒂並沒有足夠的接觸，因此對多數女人來說不是高潮的好體位。

子宮頸高潮

對某些女人來說，對子宮頸的深層持續壓力可以造成高潮。這壓力刺激的是骨盆下腹神經路徑。有些喜歡拳交的女人說她們喜歡子宮頸撐開的感覺。

尿道高潮

現在我們知道陰蒂的尺寸、模樣，可以合理推斷對某些女人來說，刺激尿道會帶來很大的愉悅感。畢竟尿道是由三層的陰蒂體所圍繞。尿道位於陰蒂和陰道開口之間，在性交時的抽插動作中會受到刺激，而口部和手部也會對尿道加以刺激，後兩者的動作較為細緻和直接。

大多數女人在口交或口部刺激的時候會經常達到高潮。

女性除了一般可見的高潮方式外，還有很多富有想像力的方式也可以讓女人高潮，比如碰觸乳頭、性幻想、對著伴侶按摩自己的陰蒂、受到拍打等等（我知道有些女人喜歡綁縛和施虐受虐高潮，但我還是把相關討論留給在這領域的其他專家來處理）。

胸部高潮

我跟你保證，這可不是「信不信由你」。有些女人可以經由她們乳房和乳頭的舔吸或手部刺激而興奮，進而達到高潮。我想那是對我們皮膚和心靈敏感度的考驗！

「每個女人的性高潮形式都不一樣，因為太個人化了，所以哈特曼、費斯安、康貝爾這幾位受人尊敬的性愛治療師和研究者，把這種因人而異的現象稱作『高潮指紋』。每個女人的高潮形式都跟指紋一樣獨特。」（羅妮·巴爾巴賀博士）

全身刺激

有些女人可經由刺激整個身體而達到高潮。她們可能在骨盆內感受到實際的高潮，但卻是由你的手掌、手指、舌頭的活動來建立

起這感覺的。

女性潮吹

有些女人在高潮或是體驗到強烈高潮的時候，也會有液體湧流而出，這不是尿液，而是尿道旁腺分泌的液體。約有一百五十個斯基恩氏腺（也稱作尿道旁腺）導管通往尿道，這些腺體位於尿道兩側。西班牙的帕可‧卡貝約博士的研究顯示，在沒有男性的情況下，把女人接受刺激前後的尿液收集起來，發現在刺激後的尿液中含有前列腺特異抗原。這也是為什麼把 G 點區域當作是女性前列腺的另外一個原因。

有些女人經常有潮吹現象，有些偶爾才有，有些從來沒有。根據卡貝約博士的研究，射出液體的分量很少（二到三毫升），常被視為陰道的正常分泌物，所以不太明顯。

露的祕密檔案

男女都有「性愛肌」，也就是恥尾肌，如果使用得當，可以用來增強高潮。跟其他肌肉一樣，恥尾肌也可以經過鍛鍊加強，而且不需要去健身房。當男人緊縮恥尾肌，陰莖會往上下移動。女人可以藉由停止尿流而緊閉恥尾肌。一種不錯的鍛鍊法，就是把毛巾放在勃起陰莖上面然後試著用陰莖來舉重。

來參加我工作坊的一位男士描述了他的經驗，有一次他開始刺激伴侶的乳頭，她出現溼透的現象。「她開始流，不但把床單弄溼，連床墊也溼了。」他解釋：「然後我到下面幫她服務，聽到了潺潺

聲，那地方通常不會有聲音，所以我感受特別明顯。」類似的故事，讓我們知道有些女人對最輕微的碰觸也有反應。

差別出在染色體上

我必須指出男女有別，而男女高潮間的差異更是顯而易見。**不分男女，高潮都有兩種不同的神經路徑，也就是陰部神經和骨盆神經**。正是因為有這兩種神經路徑，所以男女才會有不同的高潮感受。

具體來說，正如羅妮・巴爾巴賀博士在她著作《獻給對方》中所說：「陰部神經負責陰蒂、恥尾肌、小陰唇、會陰皮膚、肛門周圍的皮膚。骨盆神經則負責陰道和子宮。陰部神經的神經纖維遠多於骨盆神經，而且含有對碰觸特別敏感的神經末梢，這可以解釋為什麼女人大多數都對陰蒂的刺激較有反應。兩種神經的理論不只可以解釋陰道高潮和陰蒂高潮的不同。因為這兩種神經在脊髓處有所重疊，所以才有同時來自陰道和陰蒂的混合高潮。」

女人的陰蒂高潮沿著陰部神經路徑走；陰道高潮和 G 點高潮則沿著骨盆神經路徑走。所以陰蒂高潮有種往上拉的感覺，陰道和 G 點高潮則有往下推的感覺。對男人來說，對陰莖的刺激是沿著陰部神經路徑，而對男人的 G 點也就是前列腺的刺激則是沿著骨盆神經路徑。把這些弄清楚以後，不是挺好的嗎？

露的祕密檔案

所謂的混合高潮，就是同時間讓兩種性愛神經路徑受到刺激；對女人來說是陰蒂和 G 點，對男人來說是陰莖和前列腺。

男性高潮

別擔心，我沒有忘了你，只是我覺得到了現在，你應該非常熟悉自己該如何達到高潮了。但我還是想提出一些有用的議題和技巧，讓你學會維持勃起，給她更多的樂趣。

基本上，男人的高潮可以分為兩部分。根據芭芭拉・季思靈博士在《如何整夜做愛》一書中所說，第一個階段是洩精期，把收集在前列腺的精液給裝載入砲彈。接下來是射發期，砲彈把精液給射發出體外。整個射精過程，包括洩精期和射發期，為時約兩秒鐘。正如季思靈所說：「如果你要熟練地使用身體，那充分了解自己的射精過程很重要，包括時機。對大多數男人來說，射發期恥尾肌的收縮是不自主的過程。一旦你可以控制自己的恥尾肌，你就可以自主地延遲或避免射精。」這是循序漸進的學習過程，男人可以自己來或者和伴侶一起。主要的目標是讓男人練習他的恥尾肌（比如使用毛巾舉重法）。他在進入和抽插的時候，就可以有較強的控制力，結果就是讓男人享有多重高潮，或增加性活力和控制力。

男人通常執著於自己一晚可以做愛幾次或達到高潮幾次。聆聽女人的心聲，她們會告訴你只要動作正確，一次就已經足夠。但你可能有興趣知道，隨著男人的年紀增長，每晚的次數通常會下降到一次。這不是絕對的統計數字，因為還沒有相關的科學研究，但根據我的資訊，這樣的數字是反映現實的。對多數男人來說，一次是常態，通常隨著男人年紀增長，他的不應期（兩次勃起之間的時間長度）也會拉長。但對有些男人來說，終其一生，他們的不應期和勃起強度沒多大的變化。

> 你要知道，女人大多知道你會自慰，但她們可能不知道你為什麼要自慰。她們可能以為你在性愛上不夠滿足；她們會認為愛情和性愛關係出了問題，也相信有某些東西失落了。你需要讓女人了解沒有東西可以取代她。

加強物

雖然很多女人不希望你持續勃起好幾個小時（畢竟持續的抽插會導致痠痛和不適），但下面的方法可以讓你改善持續的時間。

- ➥ 屌環讓你在她體內更加飽滿，增加她的愉悅感，也能增強你的感覺。要確保把屌環包住陰莖鞘和陰囊。有些男人在快射精的時候喜歡拿掉屌環，有些人則不會拿掉。男人宣稱屌環有助增加壓力，可以增加性交時的感官刺激。
- ➥ 擠壓技巧：勃起的時候，擠壓陰莖的龜頭下方處。這可以幫助你緩慢下來，延長你性愛的時間。
- ➥ 去敏感噴劑：這些產品含有局部麻醉劑苯佐卡因的成分，因此我通常不推薦使用。然而男人會使用這些噴劑，讓自己持續更久來做愛好幾次。
- ➥ 威而鋼：此種引起熱烈關注的藥物適用於臨床上陽痿或勃起功能失調的男人，必須在醫生的監督下使用。有許多報導強調威而鋼是個奇蹟，可以讓男人持續勃起好幾個小時，但我也聽過不正確使用的報導。有一位二十出頭的年輕男子，服用兩顆威而鋼後，

達到了三次高潮，陰莖仍然硬挺著。持續勃起太久，可能會導致陰莖組織的永久傷害，這現象稱為陰莖持續勃起症。

露的祕密檔案

拙劣的男性陰莖增大手術的案例不斷增加，所以這種新的法律領域專家也發展起來了。

陰莖增大技術

基本上有兩種可以增加陰莖長度和粗度的技術，但這兩種技術都要謹慎使用。

一、切除陰莖上方懸韌帶的手術，可以讓陰莖在未勃起時看起來比較大。但卻會造成陰莖勃起的時候失去一些穩定性，搖搖晃晃的。

二、將自己身體其他部位的脂肪組織注入陰莖內，可以增加粗度。但有時候陰莖形狀會變得很怪，此外，脂肪組織會不勻稱地被身體吸收，讓陰莖凹凸不平或變形。

露的祕密檔案

不要把你的硬度和興奮度畫上等號。你可能硬度驚人，但卻離高潮還遠著呢！你應該把勃起當作是血液流進陰莖內的程度，把興奮度想成是性愛精采的程度。

其他關於男性高潮的事實

➻ 有些男人未勃起時也能有完整的高潮。

➻ 有些男人喜歡混合型高潮，也就是對陰莖和 G 點／前列腺同時加以刺激。

➻ 有些男人有乾的高潮，也就是有高潮的完整感受，但卻沒有射精。原因有兩個：控制（壓抑）射精，或是在大量的活動後，早就空空如也了。

➻ 男人也會偽裝高潮。如果他們覺得自己不會高潮，就可能會突然拉起鼠蹊肌肉，或使腹部疼痛。

多重高潮和同時高潮

雖然我相信媒體不是有意誤導民眾對高潮的看法，但媒體還是加強並傳播了某些錯誤知識。媒體輕率饑渴地追求性愛相關的資訊，卻常常報導尚未經過證實的資訊。所以我在這裡有兩個意圖：首先，要揭開圍繞著性愛的迷思，尤其是那些跟多重高潮和同時高潮相關的迷思；其次，要鼓勵你嘗試新的方法，因為如果不自我挑戰，怎麼知道哪些東西是可能的呢？

要反駁迷思的主要原因，就是要探究迷思的本質。說穿了，迷思就像是沙粒一般的事實，卻創造出一整個沙灘。有很多文章都談論到美好的多重高潮和同時高潮。那真的會發生嗎？對某些人來說，是的；對其他人來說，從來也不會。

來參加工作坊的男女，如果他們有同時高潮，那就一定也保持了長期的關係，因為他們了解對方的身體和性愛反應。一位護士說：「我是西班牙人，在天主教氣息濃厚的家庭長大。我結婚的時候

還是個處女，對性愛沒有任何了解或知識。但跟我丈夫在一起時，我們常常同時達到高潮；我本以為大家都跟我們一樣。但有一次我的美國女性友人告訴我同時高潮很不常見，我才意識到自己是個例外。我現在知道發生的原因了，那是因為我們對彼此的身體配合得天衣無縫。」

露的祕密檔案

女性多重高潮，就是每次做愛的時候高潮不只一次。男性多重高潮則是同一次勃起的多次高潮，而不會經過不應期，也就是不會變軟。

對有些人來說，不管如何努力，就是無法體驗到同時高潮。通常這是因為他們的生理構造。換句話說，由於形狀的關係，男人無法撞擊到女性正確的點上，或者女人只有經由刺激陰蒂才能高潮，但性交的時候又不方便刺激到陰蒂。所以啊！男士們，如果同時高潮並不在你們的性愛劇碼中，也不要覺得不如人啊！

一位投資銀行家說：「我後來終於決定不努力向別人看齊了。每次總是要遵從書本的指示來試圖讓性愛完美，這讓我和我丈夫的壓力很大。我本想要嘗試新鮮的東西，但卻走得太遠。現在我們改變態度，覺得嘗試新東西很有趣，如果成功了，那很棒，如果失敗了，那也無所謂。」

有一些方法，男女皆可用來練習或訓練，讓自己的身體更有反應或者準備好多重高潮。你可以由鍛鍊自己的恥尾肌開始，讓它強壯。恥尾肌是男女骨盆處，從前面延伸到後面的肌肉。男人的恥

尾肌有兩個洞通過，肛門和尿道；女人有三個洞，肛門、陰道和尿道。男人如果能控制高潮反應中的射發期，就能讓自己享受多重高潮。至於女人，恥尾肌能讓她們的高潮更加強烈。女人比較能自然而然地享受多重高潮，部分原因是她們的高潮沒有和射精連在一起，而根據參加工作坊的男人所說，射精會消耗男人大量的體力。

但對多數伴侶來說，多重高潮或同時高潮不會經常發生、也不是毫不費力就能輕易達成的。請牢記關鍵字：努力。

男人是否具備在多方面滿足伴侶並與伴侶分享的能力，真正的考驗在做愛技巧。讓對方達到高潮只是其中之一。因此，雖然你可能同意達到高潮不一定等於滿足感，但那卻是我們最常可以立即量測性愛好壞的指標。有些人甚至宣稱，如果沒有人達到高潮，那就根本不算做愛。不要對做愛加以評判，而應樂在其中。高潮是用來讓你們開心的，而不是愉悅感的量測器。

第九章

涅盤之夜：讓她屏息的性愛

深層連結

你已經引領她到放鬆和浪漫的最高處；你用口交和手交甚至一些玩具來讓她的興奮達到頂峰；現在是用想像中最感性、最靈性的性交方式推她翻越頂峰的時候了。我們都想要到達此處，讓深層連結得到滿足。我相信男人在女人體內，讓她屏息享受時，女人的慾望才充分滿足。有位女士說：「有時候我渴望他進入體內的慾望非常強烈，就像現在！他剛開始進入我的那種感覺，是無以倫比的。」

做愛時若想要成為完美情人，有幾項前提必須注意。首先，你平常的態度要列入考慮。女人不但希望你覺得她迷人、你要她，也希望你能尊重她。一旦她的信任感建立起來，覺得放心後，就會希望你縱情對待她。

其次，在這個階段，你在進入她之前，應該要充分照顧她的整個身體。最後，放輕鬆，靜觀其變。讓雙方的身體引領你們，不要帶著成見去預設接下來會發生什麼事。

大多數女人知道做愛很費力，需要運動和能量。記得這點，我跟你分享一個故事。有次我和朋友出去，兩人討論了性愛，他提到

性愛對男人來說是很困難的工作。我一笑置之時,他說:「露,我會證明給你看,讓你知道我不是開玩笑。」他站起來,走到房間中間,躺到地毯上。接著他說:「好,現在我是女的,妳是男的,妳可以躺在我身上。」我滿臉疑惑,但還是躺在他身上。他抬頭看著我,說:「妳臀部放錯位置了,要擺好。好,妳可以開始抽插了。」

我看著他,驚訝極了,我說:「我不知道腳趾頭要放在特定的位置才方便前推的動作。這會讓腹部疼痛。」

他點點頭說:「繼續衝刺,小心不要把所有的重量放在我身上。」

但我的手臂現在疲憊不堪了。

他說:「繼續衝刺,保持勃起,不要把所有重量放在我身上,然後妳還得直視著我,跟我說妳愛我。」

當然,當我累垮後笑著,就知道他要傳遞的訊息了!

露的祕密檔案

有些女人說最好的性經驗不是跟陰莖最大、最長的男人做愛時產生的;相反的,而是跟陰莖不怎麼大的男生在一起時,因為他們不能只依賴身體上的一個部位來演出。情人越投入就越好,他們會使用身體更多的部分來跟她有更多互動。

雖然費力,但性愛的美來自於身體一起移動時產生的美妙摩擦。性交的主要動作,就是進進出出的抽插,但抽插得當是種藝術。我從女性工作坊中蒐集了一些建議如下:

一、剛開始要慢慢來,非常慢,建立起節奏。

二、短促和深長的抽插交替進行。

三、以臀部進行不同的動作，可嘗試扭動或繞圈。女士的陰道入口，不同地方有不同的壓力敏感度。你變換的動作可以找到這些熱點。

四、如果你費時太久，她會乾掉。有時候女人可以享受四十五分鐘的性愛，有時候五分鐘就夠了。就算女性完全興奮，陰部充分潤滑，那地方的組織還是非常細緻，性愛的時候接觸到空氣，抽插產生的摩擦會讓陰部乾掉，尤其在使用保險套的時候。我跟你保證，那真的不是很舒服的體驗。你可以考慮兩個解決之道：㈠用潤滑液；㈡一段時間之後，問她是否舒服，是不是夠滑潤。

五、停在裡面。一旦你進入體內，女人就希望你停在裡面。

六、請她主導性愛，請她採上位姿勢，這樣一來你就能知道她喜歡怎樣來，等輪到你時，你就可以重複她喜歡的動作。

七、抽插的時候，靠近她的陰蒂區。猛撞她陰蒂上部不會有效果，真正有效的動作，是骨盆的緩慢繞圈運動。骨盆繞圈運動有效的原因，在於你可以刺激著她的陰蒂。

露的祕密檔案

　　我現在知道為什麼健身房的腹部鍛鍊器材那麼受歡迎，也知道為什麼幾乎每本男性雜誌都教讀者鍛鍊背部的方法：你的腹部越強壯，你就越不會在性交途中因為太過疲憊而停止動作。

尺寸真的重要嗎？

我不跟你撒謊。有一些女人很看重尺寸。她們可能不會直接對你測量，但卻有自己的偏好。有些女人喜歡較小的陰莖，原因可能是她們的陰道也比較小。對其他女人來說，陰莖越大，就越好。就如同男人對胸部或臀部的執迷一樣，女人也有自己的偏好。但對很多女人來說，你用陰莖做了什麼事情，才是真正重要的。

多數男人的勃起尺寸比你想像中的還小。舉例來說，我在女士性愛工作坊上使用了四種尺寸的教學產品（也就是假陽具），我把它們放在圓桌的中央，指示女士們選出自己最舒服的尺寸，她們大都選擇五英吋或六英吋的，因為那些是她們最為熟悉的尺寸。

的確，女人看陰莖的角度和男人的角度不同。女人從底下往上看，這樣看起來尺寸會更大，懂嗎？這樣說來，你可以說女人有主場優勢。一切都是感覺的問題。

露的祕密檔案

男人的陰莖越小，就必須很貼近女人，這其實是件好事。而且小陰莖的男人可以用深深插入的體位，因為他不會因此而撞擊到女人的子宮頸。

體位

《1001 種體位》之類的書可能會讓你不知所措，讓你分心，或是讓你覺得懂得太少，因為有一些體位你根本沒聽過。請記住，使用何種體位的最大決定因素，在於你和你伴侶的偏好。要注意色

情影片裡面多數的體位對女人來說都很不舒服。我有位男性朋友說他會看影片來評估自己的表現。我告訴他說這些表演都是照著劇本走，演出來的，加以配音，加以編輯的，他震驚住了，而他還是個電視節目製作人！

男女每次做愛，通常使用兩種到三種體位，在結束之前由一種體位轉換到另外一種，不論高潮是否伴隨著結束。可是如果你們喜歡傳統的男上女下姿勢，那也沒什麼不對勁。最重要的是，使用舒服有效的姿勢，讓雙方都樂在其中。雖然我鼓勵你們在性愛中嘗試各種變化，但目的還是希望能突破自我設限，找到終極的愉悅。

露的祕密檔案

有一次我跟一個朋友聊到一共只有六種性交體位，他說：「才怪，不是六種，是一種：進入體位。」

基本上，只有六種體位，其他的都只是這些主旋律的變化：男上、女上、側邊、後進、站立、坐跪。

男上

男上體位，也就是性交的時候男人在上位。這是最常見的體位，也是男女通常最享受的體位。有這樣的偏好，是因為這體位可以讓兩人更親密，可以看對方的表情，直視對方的眼睛。你也更能感受撫摸她的身體，讓她覺得和你的連結更緊密。

所謂的傳教士體位，是南太平洋的土著看到傳教士都採取這樣的體位而來。土著覺得男上體位特別不同，是因為他們大都採取女

上體位、站立體位和後進體位（根據金賽調查，歐洲人的後裔多把傳教士體位當成是傳統標準）。

採取這體位時，女人背部朝下躺著，男人躺在女人上面或者稍微偏側邊。男人喜歡這體位，因為可以根據接近高潮的程度來控制進入的深度和抽插的速度。女人喜歡這體位，是因為跟其他體位比較起來，能有更多的身體接觸。其他的體位或許更讓人血脈賁張，但這種體位是最浪漫的一種。採取這體位可以方便親吻和擁抱，很多女人也有受到保護的安全感。

這體位也適合性交組合技巧。採取體位 A 時，注意腳的位置有些變化，讓你的腳固定住她的腳，對性交組合技巧有很大助益。你們的臀部相接，你的恥骨區就可以和她的陰蒂區和外陰區持續接觸，這樣一來就不會打斷彼此的刺激或連結，你也可以深深地進入她體內。她可以緊緊握著你臀部來幫忙。如果男人可以一直保持動作，那這體位很好，可是缺少膝蓋和腳部的支撐，會頗有難度。觀察一下插圖中的腳，她的雙腳距離頗近，約一尺寬，而且腳往外翻，腳趾朝向床緣。有人曾跟我解釋，如果女人的腳和腿採取這樣的姿勢，那男人就可以靠著她收縮的腳來固定住自己。這樣就可以完美地讓性交組合技巧中的緊密骨盆抽插持續著。對需要肌肉張力才能享受高潮的女性來說，這姿勢也很適合。如果男人較高，可以用雙腳靠牆壁或床底豎板來固定住自己。

我把下面的體位變化稱為「好過性愛」，適合喜歡運動的人。這體位能保持身體間的全面接觸，也增加骨盆的壓力和張力，也讓男人以腳作為支點，可以更緊密地抽插。以下是詳細解釋：

第一步：男人進入女人體內，他雙腿在外，擠壓著她的雙腿。

第二步：他把膝蓋彎曲，把腳踝勾住女人腿部下方。

男上體位

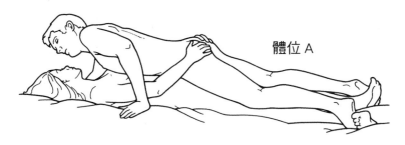

體位 A

體位 B

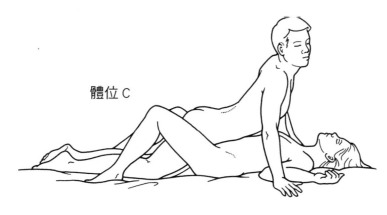

體位 C

第三步：他抬起雙腿，一面輕柔地舉起她雙腿，在保持溫暖全面的身體接觸時，增加骨盆和陰蒂之間的壓力。

使用體位 B 時，女人臀部靠著枕頭。可以把枕頭想像成完美的性愛玩具，放在臀部下方以增加陰道入口的角度。枕頭可以讓她背部好好放鬆，讓男人更容易激烈抽插同時停留在她體內。使用枕頭時，比較不會有體液濺出，陰莖也不易滑落出來。女人的雙腿圍住男人臀部，也能讓自己控制運動，讓開口更適合男人進入。我應該不需要指出這體位也能讓兩人更方便親嘴吧？

使用體位 C 時，男人的背部弓著，對喜歡陰道前壁和 G 點受到刺激、但又覺得後進體位不舒服的女人，是一大福音。但背部有問題的男人不宜採用這體位，而腹部緊實者用這體位可以展現自己的肌肉。

露的祕密檔案

任何運動，包括性愛，都可以讓即將來到的頭痛停止。

女上

很多女人喜歡採取女上體位，方便控制插入和速度，因為抽插的其實是女人自己。這體位也適合比你高或比你矮的女人來使用。使用女上體位 A 時，其實姿勢和男上體位 A 一樣，只是男女角色互換。她用男人的雙腳來固定住自己，讓陰蒂和骨盆之間的擺動可以更為緊密，而且因為她的雙腿在外側，所以可以藉由擠壓雙腿，來增加對外陰和陰蒂區域的壓力。

女上體位

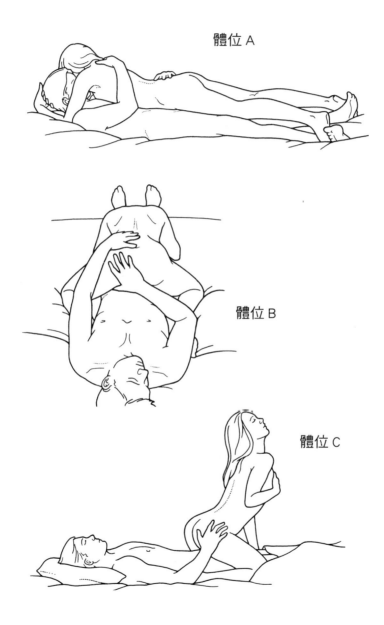

體位 A

體位 B

體位 C

使用女上體位時，女人常常跨在男人身上，讓自己的體重均勻分布在兩膝之間。不論她面對著你或是背對著你（體位 C）都有這好處。這體位的另外一種變化，就是她雙腿放在兩側，躺在你身上（體位 B）。女上體位需要女人更多的肢體動作，有些人說這需要強健的小腿肌肉。男人享受這種體位，因為這體位讓他們可以好好欣賞女人的身體，你就像船上的船長一樣。男人喜歡看著女人的胸部隨著每一次抽插而上下晃動，看著女人秀髮垂下，拍打在男人胸部或臉上的樣子。一位雜誌編輯回憶道：「我十四歲看過一部色情影片，片中一個穿著長裙的女人坐在男人身上，那時我就馬上知道這會是我最愛的體位。當我的老婆坐在我身上時，我必須費盡全力，才能讓自己不要因為太過興奮而馬上繳械。」

一般來說，女人覺得女上體位的種種變化會讓人興奮，是因為自己可以控制動作和插入的深度。也可以說她們感覺自己在主導一切。但另外一方面，也有些女人不喜歡這種體位，因為會意識到自己的身體完全暴露出來。如果你覺得你的伴侶可能會覺得不舒服，那要讓她放心，跟她說你喜歡她的身體，鼓勵她採取讓自己感到舒服自在的姿勢。有時候女人採取女上體位時，戴上漂亮的胸罩或性感連身內衣會更加自在。

露的祕密檔案

不論女人對你來說有多迷人，在你們一起睡過以前，你都不應該說你喜歡她的身體。她只會當作那是你想引誘她上床的伎倆，把那評論留到事後再說，效果絕對驚人。

小祕訣

- 如果要增加性愛中女人高潮的機會，或者跟她同步得到高潮的機會，那就刺激她的陰蒂，等她快達到高潮的時候轉換成女人在上位的體位。如果你持續抽插，那很有可能她會在你仍在她體內的時候得到高潮（體位 C，臉部朝向你）。

- 她可以刺激陰道前壁的 G 點。如果你喜歡她的臀部，也可以順便加以玩弄。

露的祕密檔案

　　以生物觀點來看，男人一定要達到高潮才能讓人類種族延續，但女人卻不一定要達到高潮才能受精。但已有研究報告說女人如果在性交的時候高潮，可以提高受精的機會。很顯然，在高潮時候子宮頸會規律地把射在陰道末端的精液給吸入。在歷史的某些時代，性高潮被認為是女性受精所必須的。也許我們的祖先和大自然懂得比我們所想的還多！

　　體位 B 只適用於男人的勃起可以維持在某種曲度的時候。陰莖緊貼近腹部的較年輕男人就不適合這體位。對於喜歡玩弄肛門的男女來說，這體位很棒。如果她往前傾斜，把胸部放在男人腿上，那男人就能玩弄她的肛門和會陰區，讓女人爽翻天。

側邊

　　使用此體位時，男女躺在兩側，兩雙腿就像剪刀一樣交錯在一起。你可以跟她面對面，或者在她的背後。側邊體位的優點，在於

側邊體位

體位 A

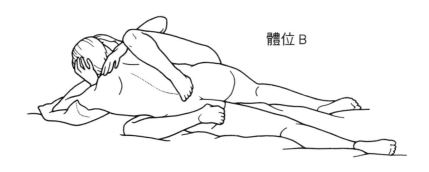

體位 B

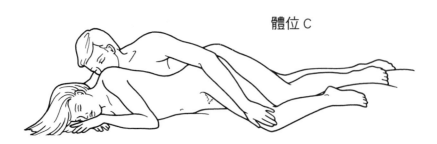

體位 C

多數男人可以長時間地抽插不會很快達到高潮。這可以讓伴侶間的親密接觸維持較久。而且因為這體位插入的程度較輕微，如果男人的陰莖太過碩大，採用這體位會讓女人較為舒服。就跟男上體位一樣，親吻和擁抱幾乎必然會出現。

體位 A 呈現的就真是剪刀狀；你要做的，就是抬起大腿，讓她躺在床上。這種嶄新的體位，可以讓你用手來挑逗她的陰蒂和胸部。用這 X 形的體位時，你們的手可以握在一起，方便骨盆的抽插動作。

使用體位 B 時，女人的雙腿緊緊纏繞住男人，隨自己的喜好，在男人動作的時候盡量靠近他。

體位 C 方便男人雙手活動，可以盡情挑逗女人的整個身體。而做愛採取側邊體位的最大好處，也許是男女雙方可以在完事之後，舒服地在彼此的手臂中進入夢鄉。

體位 C 有個變化，也是適合常運動的人，步驟如下：

第一步：男人從後面進入女人體內。她把大腿往上靠，靠近胸部或是兩胸之間。

第二步：維持進入的動作，男人由原來在她後面的姿勢，調整到往她臀部上面靠，讓自己的重量分布在她臀部和自己的膝蓋之間。因為雙手不用來支撐身體，所以男人可用雙手從後面來提供更多感官刺激。

第三步：假定她往自己左側靠，男人可以把左手小指插入她的肛門（微微插入就好，剛開始的動作要輕柔點）。也可以把右手拇指輕柔插入她的陰道，來增加厚度感，同時也可用右手食指來刺激她的陰蒂。

小祕訣

↪ 當你位於她後方時，你可以同時刺激著她的陰蒂。

↪ 由後面進入的側邊體位很適合懷孕婦女，因為她的腹部有所支撐，而且男人可以撫弄她的胸部，當然前提是：你的女人喜歡這樣的體位。

後進體位（小狗式）

很多女人認為後進體位是令她們最狂野的性愛姿勢。男人也覺得這種體位非常有活力。女人喜歡這體位的原因，除了可以深深插入以外，也有種被征服的感覺。有些女人也喜歡男人抓著自己臀部，快速地衝刺，很有動感。同樣地，如果女人喜歡較慢的速度，男人也可以控制自己抽插的快慢。

生育過的女人若採取這體位，G點會受到更大的刺激。因為她們的陰道較有彈性，G點也較容易讓陰莖接觸到。

使用後進體位時，女人可以腹部平躺著，讓陰道開口更緊，也有種被征服的感覺（C）。其他的選擇包括：女人四體朝地（A）、女人站著彎腰、女人側躺著背向她的情人。男人由女人後面而非前面進入陰道，所以這體位稱為後進體位。男人常說因為大腿接觸女人的胯下和臀部，這體位最能讓他們感到火熱（順道一提，後門性愛指的是肛交）。

使用姿勢A時，男人可以親吻女人的背部。而枕頭同樣也能放在她的胸部下面，很方便。體位B讓男人可以接觸她的整個身體，她可以感受到男人的熱情，並放輕鬆享受一切感官刺激。她也可以把雙腳放下，便於抽插的動作。

後進體位

體位 A

體位 B

體位 C

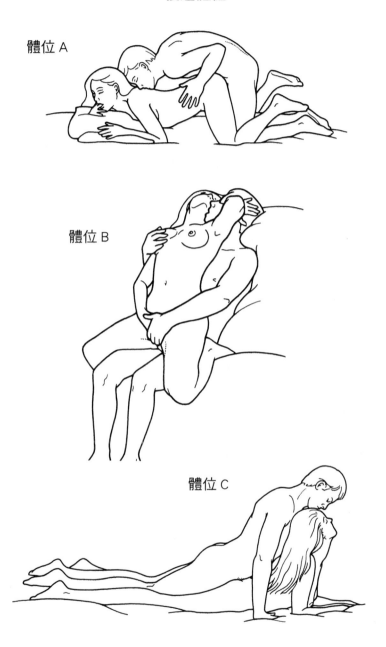

體位 B 很適合在海邊使用。只要把比基尼褲挪到一邊，就可以上場了。

小祕訣

➡ 後進體位的唯一缺點，就是太過刺激，所以跟其他體位相比，男人會更快達到高潮。

➡ 如果女人子宮傾斜或是男人的陰莖太大，這體位會讓女人不太舒服，因為陰莖可能會撞擊到子宮頸處。

➡ 你可以在進入她的時候，用雙手刺激著她。

有一位男性牙醫跟我說：「這體位性感得多，我喜歡那種獸性。」

站立體位

除非男人特別強壯，不然為了平衡起見，使用這體位時，女人最好靠牆站著，男人則站在女人前面。淋浴間和游泳池不是使用這種體位的理想地點，主要原因是：自然的潤滑分泌物常被水沖走，讓抽插更難進行。如果女人躺著，可讓站立體位最為順利。你可以善加利用身體最強壯的肌肉，也就是臀肌和大腿肌。其他體位可能更適合長時間的浪漫性愛，但這體位對於想要快速享受火熱性愛、還有常運動的人來說，好處多多。如果你們太過匆忙，這體位的好

站立體位

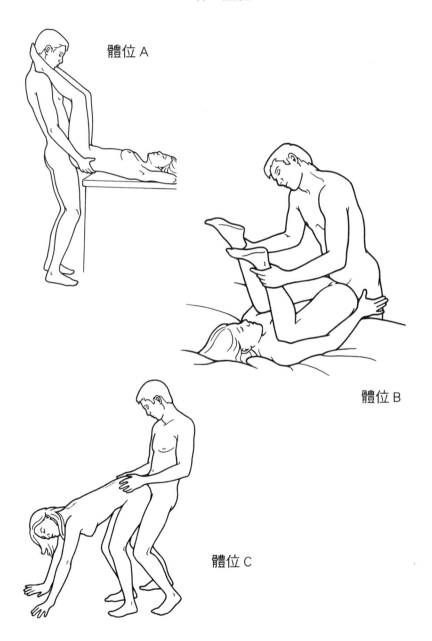

體位 A

體位 B

體位 C

處就是不必把身上衣服全部褪去，而且所需空間也不會太大。

體位 A 稍有變化，女人躺在桌上。進入她的時候，扶住她的臀部，讓她腳踝放在你肩膀上面，這樣她的臀部和張開的外陰就可以迎接著你。男人覺得這種體位可以同時有視覺和嗅覺享受。跟後進體位剛好相反，她的背部應該呈現一直線，如果她把腳踝放在你肩膀上，就更容易呈一直線。為什麼這體位那麼有用呢？因為你的陰莖可以對著她的 G 點碰撞，同時她也可以用手撫弄自己的陰蒂。

使用體位 B 時，男人可以盡覽女人的性感地帶，並且能盡可能地深入對方體內。女人可以藉由大腿的收縮，來控制男人插入的動作。大腿肌肉是人體最大的肌肉。這體位有個變化，就是把女人的膝蓋打開放在身體兩側。

我把體位 C 稱作「在花園裡從後面進入」體位。這很適合快速來一炮！有個男人這樣評論：「她走廊旁的門上有鏡子，抽插的時候，我喜歡透過鏡子看她胸部搖晃的樣子。那真的棒透了！」

小祕訣

➼ 如果你採行站立體位，要確保自己的膝蓋微彎，舒服地靠在穩固的牆壁上。我曾經聽說有男人用這體位的時候，在不恰當的時刻摔倒的案例。

➼ 如果女人想把腳繞著你脖子，等一下，先確定她脫掉了高跟鞋。曾有人不慎而嚴重傷害了小腿肌肉。

坐跪體位

坐跪體位只是側邊體位和面對面體位加以變化罷了。很多人喜歡坐跪體位，因為這種體位有新鮮感，可以在例行的體位中趁機休

坐跪體位

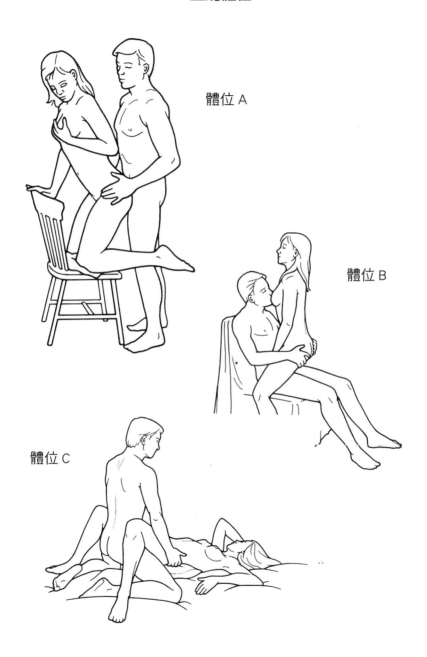

體位 A

體位 B

體位 C

息。除了女人坐在男人身上的姿勢外，這種體位活動的程度較小，但卻可以提供面對面的接觸，身體間的接觸程度也更大。

體位 A 和體位 B 給了餐椅新的意義。使用體位 A 時，女人應該握住椅子來平衡自己，不然你在抽插的時候可能會害她跌下椅子。這體位在男人站立的時候，讓女人的臀部有最大的活動範圍。

用體位 C 的時候，男人的大腿支持住女人腿部後方，在她臀部下面放置枕頭，讓她的高度適合陰莖進入。同時，你握住她的臀部，讓她靠你越近越好。你的抽插動作會讓她的胸部晃動，常是視覺的饗宴。你可以稍加變化，把她的膝蓋後方放在你手肘的彎曲處，就像舉槓鈴一樣。你用整個手臂來作舉槓鈴的動作，她不但可以看見你在健身房的努力成果，你也能感受到龜頭在她體內受到的刺激，她的 G 點也同時受到刺激。

小祕訣

- 她可以跨坐在你身上，或者坐在你大腿上，臉和你同方向，也可以坐你大腿上但臉朝向旁邊。
- 可以由女上體位輕易地轉換成坐跪體位；只要女人把腳往前伸，男人坐起來就行了。
- 如果兩人想要快速來一炮，或者女人懷孕，那可以坐在椅子上。

性交通則

- 如果你在性交的時候有灼熱感，可以看看是不是需要更多潤滑液，或者不小心使用到含有壬苯醇醚 -9 成分的潤滑液。如果上述兩者都不成立，那你最好去看醫生，看是否受到感染或者染上性病。也有可能是因為她對你的精液有過敏反應。

- 如果你的伴侶在性交時候抱怨疼痛，可能是因為你的陰莖撞擊到她的子宮頸或者子宮；可以嘗試變換姿勢。也可能是你弄疼她外陰切開術的傷口，不然性病也可能造成疼痛。
- 不論你多常練習，也不論你有多少的性愛體位和性愛技巧，要記得：性愛滿意程度的最大決定因素，在於你不壓抑自己，想要跟她在一起的渴望。

懷孕時期的最佳體位

大自然孕育人類，從不希望人類在懷孕的時候停止性愛活動。有些女人最棒的性愛體驗就是在懷孕期間享受到的；有些女人懷孕後就完全不想做愛。結論就是：問清楚她的感覺。一位女性說道：「我真的很懷念懷孕時期的性愛，那時很容易達到高潮。現在離生產已經過了十個月，要達到高潮困難許多了。」但另外一方面，也有女人因為晨間嘔吐或者身體不適，並不希望男人進入體內。同樣的，一切都要看她的決定。一般來說，在懷孕初期，男上或女上體位都沒問題，但等到女人肚子變大以後，這些體位會越來越困難。在懷孕後期時，側邊（體位 A 和體位 C）和坐跪（體位 A 和體位 B）都是不錯的選擇。這樣一來，雖然你不在上位，但仍能緊密結合。側邊體位（C）這種常見的湯匙狀體位效果不錯，因為她的肚子可以有個支撐，而且深入的插入也不太可能。在非常晚期的懷孕階段時，有些人較喜歡坐姿，至於是朝向側面或者面對著對方，就看女人的肚子大小而定。

有一位醫師説應該有三種性別：女人、懷孕婦女、男人。懷孕婦女跟未懷孕女人的差異，就跟男人的差異一樣大。

肛門插入

有些女人喜歡肛交，有些女人不喜歡。就跟吞進精液一樣，女人對肛交的接受度可説是黑白分明，沒有模糊地帶。女人大多數都試過至少一次肛交（通常是伴侶建議的）。喜歡以這種方式被進入的女人，承認這樣的感覺很強烈。

男女不願意肛交的原因，大多是因為肛交帶來的負面想像。根據崔思坦‧陶兒米諾在其著作《女人肛交終極指南》一書，關於肛交有十個流傳廣泛但卻不正確的迷思：

一、肛交不自然也不道德。

二、只有蕩婦、變態或怪胎才會肛交。

三、肛門和直腸不是用來產生情慾的。

四、肛交又髒又亂。

五、只有男同性戀才會肛交。

六、喜歡肛交的異性戀一定是同志。

七、肛交很痛。

八、女人不喜歡肛交；她們只是想取悅對方罷了。

九、肛交是最容易感染愛滋病的方式。

十、肛交太猥褻。

過時的道德觀認為性愛的目的就是繁衍後代，這意味著不應該享受性愛，所以才有以上這些對肛交的負面態度。就我所知，這些態度都大錯特錯。性愛不只是為了讓兩人透過深層的愉悅感來展現彼此的愛意和承諾，也是種不該斷然評判的人類自我展現的方式。如果性愛不帶來傷害，那就極其自然，基本上也是良好的。

　　有些女人喜歡陰蒂受到刺激的同時一面接受肛交。對有些女人來說，肛交的強烈感受難以讓她們達到高潮。一個難以享受肛交樂趣的理由，是因為肛門有兩個需要放鬆的括約肌。我先前指出，其中一個括約肌可自主控制，另外一個受不自主控制，因此不論你多努力，都無法用意識來放鬆。有個放鬆肛門的良好方法，就是插入一根手指頭為時一分鐘後，再插入兩根手指頭維持兩分鐘。也建議你可以使用大量的潤滑液，因為肛門無法自我潤滑。可以請你的伴侶腹部用力，這樣可以讓括約肌放鬆，較好進入。

小祕訣

* 最好的插入姿勢，就是肩膀下垂，枕頭放在下面。你可以用大拇指來按摩她的肛門。
* 另外一種不錯的姿勢，就是讓她背部向下躺著，雙腿彎曲，放枕頭在她臀部底下。她也可以把手放在大腿下方來增加腿部曲度，方便你進入她肛門。
* 在清洗陰莖或者換上新的保險套之前，不要回到陰道性愛上；不然兩人都可能有感染的風險。
* 手指、玩具或陰莖在抽離肛門的時候，都應該非常緩慢。

總結

　　我多年來跟男男女女共事，聆聽過他們關於性愛的經驗後發現，要享受絕妙的性愛，和當個熟練、無畏、大膽的情人密切相關。所以本書提到的技巧、體位和祕訣都可以讓你的技巧更加嫻熟，但成為專業情人的關鍵，還是在於你的態度，你應該要有自信心，相信自己辦得到。重點是你想要取悅情人的渴望；重點是你對她的關心。

　　最深層、最讓人滿足的性愛，往往來自於兩人開放、誠實、尊重的溝通，這也是我多年來跟男女共事的體會。一旦遵守這些原則，你和伴侶之間的性愛，就能充滿激情、渾然天成、妙不可言、靈魂交融。

　　希望我的這本書，可以帶給你們無盡的樂趣。好好享受吧！

中英對照表

第一章

《愛經》（Kama Sutra）
《性愛聖經》（The Joy of Sex）
《感官女人》（The Sensuous Woman）
《特殊性愛行為百科全書》
（The Encyclopedia of Unusual Sex Practices）
賴瑞・福林特（Larry Flynt）
「女人製作」（Femme Productions）
甘蒂大・羅亞勒（Candida Royale）
安琪・科恩（Angela Cohen）
莎拉・賈德納・福克斯
（Sarah Gardner Fox）
《聰明女人的性愛影片指引》
（The Wise Woman's Guide to Erotic Videos）
約翰・葛瑞（John Gray）

第二章

美國性教育者・性咨商師・性治療師協
　　會（AASECT，American Association
　　of Sexuality Educators, Counselors and
　　Therapists）
性愛科學研究協會（SSSS，Society for
the Scientific Study of Sexuality）
美國性資訊教育理事會（Sex Information
Education Council of the United States）

艾瑞克・達爾（Eric Daar）
塞達斯・西奈（Cedars-Sinai）醫療中心
愛滋病
　（AIDS，acquired immune deficiency
syndrome）
人類免疫不全病毒
　（HIV，human immunodeficiency virus）
奧瑞許（Orasure）測試
潘娜洛普・希區柯克
　（Penelope Hitchcock）
壬苯醇醚 -9（nonoxynol-9）

第三章

女式晨衣（negligee）
嘎特佛思（R. N. Gattefosse）
維勒莉・安・渥伍德
　（Valerie Ann Worwood）
《香味感官》（Scents and Scentuality）
商場背景樂（Muzak）
貝瑞・懷特（Barry White）
馬文蓋伊（Marvin Gaye）
菲利浦・艾柏格（Phillip Aaberg）
走出框架（Out of the Frame）
恩雅（Enya）
水印（Watermark）
肯尼・瑞金（Kenny Rankin）
凱斯・傑瑞特（Keith Jarrett）
阿爾布爾澤娜（Arbour Zena）

第八章

《美國醫學協會期刊》
（JAMA，The Journal of the American
Medical Association）
羅格斯大學（Rutgers University）
麥可・如斯金（Michael Riskin）
阿妮塔・貝克-如斯金
（Anita Baker-Riskin）
經前症候群
（PMS，pre-menstrual syndrome）
《男人性愛新論》（New Male Sexuality）
伯尼・齊貝格德（Bernie Zilbergeld）
性交組合技巧
（CAT，Coital Alignment Technique）
哈特曼（Hartman）
費斯安（Fithian）
康貝爾（Campbell）
羅妮・巴爾巴賀（Ronnie Barbach）
尿道旁腺（paraurethral glands）
斯基恩氏腺
（Skene's glands，也稱作尿道旁腺）
帕可・卡貝約（Paco Cabello）
前列腺特異抗原
（PSA，prostate specific antigen）
《獻給對方》（For Each Other）
芭芭拉・季思靈（Barbara Keesling）
《如何整夜做愛》
（How to Make Love All Night）
苯佐卡因（Benzocaine）
陰莖持續勃起症（priapism）

第九章

好過性愛（BTS，Better Than Sex）
崔思坦・陶兒米諾（Tristan Taormino）
《女人肛交終極指南》
（The Ultimate Guide to Anal Sex for
Women）

國家圖書館出版品預行編目資料

如何讓她欲仙欲死 / 露‧佩姬特（Lou Paget）著；許
逸維譯. -- 修訂二版. -- 臺中市：晨星, 2022.04
面；公分. --（健康 sex系列；11）

譯自：How to give her absolute pleasure : totally explicit
techniques every woman wants her man to know

ISBN 978-626-320-106-4（平裝）

1.CST：性知識　2.CST：性行為　3.CST：性學

429.1　　　　　　　　　　　　　　　111002509

歡迎掃描 QR CODE
填線上回函！

健康sex系列 11

如何讓她欲仙欲死

作者	露‧佩姬特(Lou Paget)
譯者	許逸維
總編輯	莊雅琦
編輯	林孟侃
封面設計	古鴻杰
排版	曾麗香

創辦人　陳銘民
發行所　晨星出版有限公司
　　　　台中市407工業區30路1號
　　　　TEL：（04）2359-5820　FAX：（04）2355-0581
　　　　行政院新聞局版台業字第2500號
法律顧問　陳思成律師
初版　西元2018年5月23日
二版　西元2022年4月15日

總經銷　知己圖書股份有限公司
　　　　106台北市大安區辛亥路一段30號9樓
　　　　TEL：（02）233672044 / 23672047　FAX：（02）23635741
　　　　台中市407工業區30路1號
　　　　TEL：（04）23595819　FAX：（04）23595493
　　　　E-mail：service@morningstar.com.tw
　　　　網路書店http://www.morningstar.com.tw
郵政劃撥　15060393（知己圖書股份有限公司）
讀者專線　（04）23595819＃212

印刷　上好印刷股份有限公司

定價 300 元

ISBN 978-626-320-106-4

How to Give Hher Absolute Pleasure:
totally explicit techniques every woman warnts her man to know
Copyright©2000 by Lou Paget
This edition arranged with DeFiore and Company Literary Management, Inc.
through Andrew Nurnberg Associates International Limited

超性愛指導手冊！
SEX 步驟的 190 種建議

作者：辰見拓郎、三井京子
譯者：劉又菘
適合年齡：限 18 歲以上
頁數：216 頁
定價：290 元

日本性學泰斗聯手打造的性福指南
作者實際體驗，最有說服力、最真實的性愛指南書

　　日本性學泰斗辰見拓郎與三井京子聯手打造的性福指南，將於本書中提供各種性愛結合的方法與技巧，包括兩位作者共同研究出的世界首創！手指添附的性愛方式，以及運用矽膠胸墊，重拾男人信心，讓伴侶獲得至上滿足。更透過素人經驗訪談分享，解答了許多人所面臨的性問題。

慢慢愛 Slow Sex：
讓「持久力」大幅提升的超強秘訣！

作者：亞當德永
譯者：劉又菘
適合年齡：限 18 歲以上
頁數：232
定價：350 元

日本超人氣性治療師，讓男女享受美好的性生活
・ 亞當性愛學校創辦人、日本超人氣性治療師。
・ 運用穴位、呼吸等東方固有的房中技巧來克服早洩問題。

　　本書透過新的性愛觀念的建立，以及技巧的傳授，幫助有早洩困擾的男性，不用再為此而感到自卑，協助女性不需為了迎合伴侶而假裝高潮，讓男女雙方都能擁有美好的性生活，共創愛無止境的人生。

極致愛撫 1：胸部特集

作者：辰見拓郎、三井京子

繪者：角慎作

譯者：張紹仁

適合年齡：限 18 歲以上

頁數：208 頁

定價：350 元

豐富照片與插圖解說，200 種愛撫胸部的方法

· 女人的舒服╳男人的幸福
  被如此愛撫的話，就能感到身為女性的幸福，並達成美妙的 SEX。

· 日本女性讀者最想要男友看的一本書。
  200 種愛撫胸部的方法，沒有一本書寫的比這更詳細了。

· 女性的真心話──我要更多愛撫！
  100 位女性看過本書原稿，百分之一百支持本書。

極致愛撫 2：女性器篇

作者：辰見拓郎、三井京子

譯者：葉廷昭

適合年齡：限 18 歲以上

頁數：210 頁

定價：350 元

最詳盡的 250 種貼心愛撫，讓無數讀者領略到確確實實的高潮

做愛這件事，無微不至的服務永遠不嫌多，市面上最詳盡的 250 種貼心愛撫，營造雙方共同享受的高潮天堂。

性愛應是雙方都享受且幸福的事，但往往女性卻常碰到不舒服的經驗。這本書由性學泰斗親自指導，讓無數日本讀者領略到確確實實的高潮！希望除了日本讀者外，能帶給更多男女愉悅的性愛體驗。